U0357500

国家出版基金资助项目
现代数学中的著名定理纵横谈丛书
丛书主编　王梓坤

Mollification Transformation and Van der Waerden Guess

磨光变换与Van der Waerden猜想

佩 捷　吴雨辰　薛 潺　著

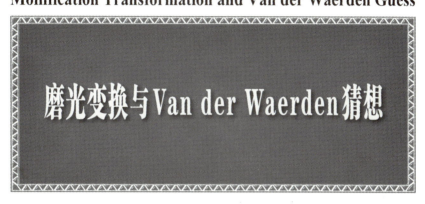

哈爾濱工業大學出版社
HARBIN INSTITUTE OF TECHNOLOGY PRESS

内容简介

本书主要介绍了磨光变换的基本概念,同时为读者展示出范·德·瓦尔登(Van der Waerden)猜想的相关内容.本书内容分三个部分.第一编为磨光变换与双随机方阵,第二编主要介绍范·德·瓦尔登猜想,第三编则为双随机矩阵的相关内容.

本书适合高中及高中以上学生和数学爱好者阅读.

图书在版编目(CIP)数据

磨光变换与 Van der Waerden 猜想/佩捷,吴雨辰,薛潺编著.—哈尔滨:哈尔滨工业大学出版社,2016.1
(现代数学中的著名定理纵横谈丛书)
ISBN 978-7-5603-5576-4

Ⅰ.①磨… Ⅱ.①佩…②吴…③薛… Ⅲ.①组合数学-研究 Ⅳ.①O157

中国版本图书馆 CIP 数据核字(2015)第 197854 号

策划编辑 刘培杰 张永芹
责任编辑 张永芹 赵新月
封面设计 孙茵艾
出版发行 哈尔滨工业大学出版社
社　　址 哈尔滨市南岗区复华四道街 10 号 邮编 150006
传　　真 0451-86414749
网　　址 http://hitpress.hit.edu.cn
印　　刷 牡丹江邮电印务有限公司
开　　本 787mm×960mm 1/16 印张 13.5 字数 147 千字
版　　次 2016 年 1 月第 1 版 2016 年 1 月第 1 次印刷
书　　号 ISBN 978-7-5603-5576-4
定　　价 68.00 元

(如因印装质量问题影响阅读,我社负责调换)

◎代序

读书的乐趣．你最喜爱什么——书籍．

你经常去哪里——书店．

你最大的乐趣是什么——读书．

这是友人提出的问题和我的回答．真的，我这一辈子算是和书籍，特别是好书结下了不解之缘．有人说，读书要费那么大的劲，又发不了财，读它做什么？我却至今不悔，不仅不悔，反而情趣越来越浓．想当年，我也曾爱打球，也曾爱下棋，对操琴也有兴趣，还登台伴奏过．但后来却都一一断交，“终身不复鼓琴”．那原因便是怕花费时间，玩物丧志，误了我的大事——求学．这当然过激了一些．剩下来唯有读书一事，自幼至今，无日少废，谓之书痴也可，谓之书橱也可，管它呢，人各有志，不可相强．我的一生大志，便是教书，而当教师，不多读书是不行的．

读好书是一种乐趣，一种情操；一种向全世界古往今来的伟人和名人求教的方法，一种和他们展开讨论的方式；一封出席各种社会、体验各种生活、结识各种人物的邀请信；一张迈进科学宫殿和未知世界的入场券；一股改造自己、丰富自己的强大力量．书籍是全人类有史以来共同创造的财富，是永不枯竭的智慧的源泉．失意时读书，可以使人重整旗鼓；得意时读书，可以使人头脑清醒；疑难时读书，可以得到解答或启示；年轻人读书，可明奋进之道；年老人读书，能知健神之理．浩浩乎！洋洋乎！如临大海，或波涛汹涌，或清风微拂，取之不尽，用之不竭．吾于读书，无疑义矣，三日不读，则头脑麻木，心摇摇无主．

潜能需要激发

我和书籍结缘，开始于一次非常偶然的机会．大概是八九岁吧，家里穷得揭不开锅，我每天从早到晚都要去田园里帮工．一天，偶然从旧木柜阴湿的角落里，找到一本蜡光纸的小书，自然很破了．屋内光线暗淡，又是黄昏时分，只好拿到大门外去看．封面已经脱落，扉页上写的是《薛仁贵征东》．管它呢，且往下看．第一回的标题已忘记，只是那首开卷诗不知为什么至今仍记忆犹新：

日出遥遥一点红，飘飘四海影无踪．

三岁孩童千两价，保主跨海去征东．

第一句指山东，二、三两句分别点出薛仁贵（雪、人贵）．那时识字很少，半看半猜，居然引起了我极大的兴趣，同时也教我认识了许多生字．这是我有生以来独立看的第一本书．尝到甜头以后，我便千方百计去找书，向小朋友借，到亲友家找，居然断断续续看了《薛丁山西征》、《彭公案》、《二度梅》等，樊梨花便成了我心中的女英雄. 我真入迷了. 从此，放牛也罢，车水也罢，我总要带一本书，还练出了边走田间小路边读书的本领，读得津津有味，不知人间别有他事.

当我们安静下来回想往事时，往往会发现一些偶然的小事却影响了自己的一生. 如果不是找到那本《薛仁贵征东》，我的好学心也许激发不起来. 我这一生，也许会走另一条路. 人的潜能，好比一座汽油库，星星之火，可以使它雷声隆隆、光照天地；但若少了这粒火星，它便会成为一潭死水，永归沉寂.

抄，总抄得起

好容易上了中学. 做完功课还有点时间，便常光顾图书馆. 好书借了实在舍不得还，但买不到也买不起，便下决心动手抄书. 抄，总抄得起. 我抄过林语堂写的《高级英文法》，抄过英文的《英文典大全》，还抄过《孙子兵法》，这本书实在爱得狠了，竟一口气抄了两份. 人们虽知抄书之苦，未知抄书之益，抄完毫末俱见，一览无余，胜读十遍.

始于精于一，返于精于博

关于康有为的教学法，他的弟子梁启超说："康先生之教，专标专精、涉猎二条，无专精则不能成，无涉猎则不能通也."可见康有为强烈要求学生把专精和广博（即"涉猎"）相结合.

在先后次序上，我认为要从精于一开始. 首先应集中精力学好专业，并在专业的科研中做出成绩，然后逐步扩大领域，力求多方面的精. 年轻时，我曾精读杜布（J. L. Doob）的《随机过程论》，哈尔莫斯（P. R. Halmos）的《测度论》等世界数学名著，使我终生受益. 简言之,即“始于精于一,返于精于博”.正如中国革命一样,必须先有一块根据地,站稳后再开创几块,最后连成一片.

丰富我文采,澡雪我精神

辛苦了一周,人相当疲劳了,每到星期六,我便到旧书店走走,这已成为生活中的一部分,多年如此.一次,偶然看到一套《纲鉴易知录》,编者之一便是选编《古文观止》的吴楚材.这部书提纲挈领地讲中国历史,上自盘古氏,直到明末,记事简明,文字古雅,又富于故事性,便把这部书从头到尾读了一遍.从此启发了我读史书的兴趣.

我爱读中国的古典小说,例如《三国演义》和《东周列国志》.我常对人说,这两部书简直是世界上政治阴谋诡计大全.即以近年来极时髦的人质问题(伊朗人质、劫机人质等),这些书中早就有了,秦始皇的父亲便是受害者,堪称“人质之父”.

《庄子》超尘绝俗,不屑于名利.其中“秋水”、“解牛”诸篇,诚绝唱也.《论语》束身严谨,勇于面世,“己所不欲,勿施于人”,有长者之风.司马迁的《报任少卿书》,读之我心两伤,既伤少卿,又伤司马;我不知道少卿是否收到这封信,希望有人做点研究.我也爱读鲁迅的杂文,果戈理、梅里美的小说.我非常敬重文天祥、秋瑾的人品,常记他们的诗句:“人生自古谁无死,留取丹心照汗青”,“谁言女子非英物,夜夜龙泉壁上鸣”.唐诗、宋词、《西厢记》、《牡丹亭》,丰富我文采,澡雪我精神,其中精粹,实是人间神品.

读了邓拓的《燕山夜话》,既叹服其广博,也使我动了写《科学发现纵横谈》的心.不料这本小册子竟给我招来了上千封鼓励信. 以后人们便写出了许许多多的“纵横谈”.

从学生时代起,我就喜读方法论方面的论著. 我想,做什么事情都要讲究方法,追求效率、效果和效益,方法好能事半而功倍. 我很留心一些著名科学家、文学家写的心得体会和经验. 我曾惊讶为什么巴尔扎克在51年短短的一生中能写出上百本书,并从他的传记中去寻找答案. 文史哲和科学的海洋无边无际,先哲们明智之光沐浴着人们的心灵,我衷心感谢他们的恩惠.

读书的另一面

以上我谈了读书的好处,现在要回过头来说说事情的另一面.

读书要选择. 世上有各种各样的书:有的不值一看,有的只值看20分钟,有的可看5年,有的可保存一辈子,有的将永远不朽. 即使是不朽的超级名著,由于我们的精力与时间有限,也必须加以选择. 决不要看坏书,对一般书,要学会速读.

读书要多思想. 应该想想,作者说得对吗? 完全吗? 适合今天的情况吗? 从书本中迅速获得效果的好办法是有的放矢地读书,带着问题去读,或偏重某一方面去读. 这时我们的思维处于主动寻找的地位,就像猎人追找猎物一样主动,很快就能找到答案,或者发现书中的问题.

有的书浏览即止,有的要读出声来,有的要心头记住,有的要笔头记录. 对重要的专业书或名著,要勤做笔记,“不动笔墨不读书”. 动脑加动手,手脑并用,既可加深理解,又可避忘备查,特别是自己的灵感,更要及时抓住. 清代章学诚在《文史通义》中说:“札记之功必不可少,如不札记,则无穷妙绪如雨珠落大海矣.”许多大事业、大作品,都是长期积累和短期突击相结合的产物.涓涓不息,将成江河;无此涓涓,何来江河?

爱好读书是许多伟人的共同特性,不仅学者专家如此,一些大政治家大军事家也如此.曹操、康熙、拿破仑、毛泽东都是手不释卷,嗜书如命的人.他们的巨大成就与毕生刻苦自学密切相关.

王梓坤

目录

第一编

磨光变换与双随机方阵

两道试题

第1章

试题1　K 个男孩围成一个圆圈，每个男孩手中都有偶数块糖. 一声令下，每个男孩将自己手中一半的糖给右边的男孩. 这之后，每个手中糖块数目为奇数的男孩都得到一块糖，以保持手中具有偶数块糖. 反复进行这一过程，证明：必有某一时刻，所有男孩手中糖块的数目相等.（1983 年环球城市数学竞赛高中组初级卷）

证明　设开始时男孩中最多的有 $2m$ 块糖，最少的有 $2n$ 块糖. 还可以假设 $m>n$，在完成一轮交换且拥有奇数块糖的男孩都得到一块糖之后，每个男孩手中最多只可能有 $2m$ 块糖. 这是因为，他

最多能够留下 m 块糖，而通过交换最多能够得到 m 块糖，并且如果他有了 $2m$ 块糖，就不可能再得到额外的一块了. 这说明每做完一次之后，男孩手中最多的糖块数目始终不增加. 另一方面，至少存在一个原来只有 $2n$ 块糖的男孩，他给出了 n 块糖，但得到的数目大于 n，故设有 l 个男孩有 $2n$ 块糖，则最多 l 次之后，男孩们手中最少的糖块数目要增加，于是若干次之后所有男孩手中的糖块数目一定会相等.

试题 2 在圆桌上坐了 10 个人，在每人面前放一些坚果，共放了 100 个坚果. 某个信号后，每人开始将面前的坚果传给他右边的人，数额如下：如果他有偶数多个坚果，则给右边的人一半；如果他有奇数多个坚果，则给右边的人坚果数加 1 后的一半. 这个过程不断重复，试证最后每人面前都有 10 个坚果.（1998 年环球城市数学竞赛初中组春季赛高级卷第 6 题）

证明 取 $1 \leqslant i \leqslant 10, 1 \leqslant j$. 设在第 j 次传递坚果时，第 i 个人给出的坚果数为 $g_i(j)$，余下 $k_i(j)$ 个坚果. 因此

$$g_i(j) - k_i(j) \leqslant 1, \forall i, j$$

令
$$g_{i-1}(j) + k_i(j) = k_i(j+1) + g_i(j+1)$$

其中 $g_0(j) = g_{10}(j), \forall j$. 由于 $k_i(j+1)$ 和 $g_i(j+1)$ 的差最多与 $g_{i-1}(j)$ 和 $k_i(j)$ 的差相等，所以有

$$[g_{i-1}(j)]^2 + [k_i(j)]^2 \geqslant [k_i(j+1)]^2 + [g_i(j+1)]^2$$

定义

$$S(j) = \sum_{i=1}^{10} \{[k_i(j)]^2 + [g_i(j)]^2\}$$

因此 $S(j)$ 取整数值，且为 j 的非增函数. 因此一定存在 t，使得 $S(t)$ 为它的最小值. 这意味着

$$k_1(j), g_1(j), k_2(j), g_2(j), \cdots, k_{10}(j), g_{10}(j)$$

是相等的 20 个数字,而且当 $t \leqslant j, 1 \leqslant i \leqslant 10$ 时

$$|g_{i-1}(j) - k_i(j)| \leqslant 1$$

假设它们不全为 5,那么存在 i, l,使得

$$g_i(t) = 6$$

$$k_{i+1}(t) = g_{i+1}(t) = \cdots = k_l(t) = g_l(t) = 5$$

并且 $k_{l+1}(t) = 4$,现在知道

$$g_{i+1}(t+1) = 6$$

$$k_{i+2}(t+1) = g_{i+2}(t+1) = \cdots = k_l(t+1) = g_l(t+1) = 5$$

又 $k_{l+1}(t+1) = 4$,最后有

$$g_l(t+l-i) = 6$$

$$k_{l+1}(t+l-i) = 4$$

但是在题设下,它们最多差 1,这导出矛盾. 所以证明了这 20 个数都必须是 5,因此经过 t 次传递后,每个人有 10 个坚果.

磨光变换

第2章

1985年中国科技大学常庚哲教授在《自然杂志》(1卷11期)发表文章介绍了这一试题的背景.

现在那道数学竞赛试题中每个小孩手中拿的不是糖果,而是砂糖. 编号为 i 的小孩一开始手中的砂糖质量为 x_i,$i=1,2,\cdots,n$. 调整的规则与原来的十分相近,每个小孩把手中的砂糖分一半给他的右邻. 当然,每个小孩也同时从他的左邻那儿接受了砂糖,质量是后者手中砂糖质量的一半. 与原先规则唯一不同之处是:这里不考虑调整之后“补糖”的问题. 自然,作为数学的抽象,我们也不考虑把任意质量的砂糖精确地平分为二所带来的技术上的困难.

设调整之后,第 i 个小孩手中的砂糖质量为 x'_i,$i = 1,2,\cdots,n$. 从向量$(x_1,x_2,\cdots,x_n)$到新向量$(x'_1,x'_2,\cdots,x'_n)$可以说成是经过了某种变换,这个变换具体地用公式来描述就是

$$\begin{cases} x'_1 = \dfrac{x_1 + x_2}{2} \\ x'_2 = \dfrac{x_2 + x_3}{2} \\ \quad\vdots \\ x'_n = \dfrac{x_n + x_1}{2} \end{cases} \tag{1}$$

撇开问题中 x_i 与 x'_i的具体意义不谈,我们可以认为 x_i 可正可负,也可以是零. 按照式(1),可以计算出新向量$(x'_1,x'_2,\cdots,x'_n)$,所以式(1)确定着一个把 n 维向量变为 n 维向量的变换.

我们来看看下文中式(3)所确定的变换的性质.

(1) 如果$x_1 \geqslant 0,x_2 \geqslant 0,\cdots,x_n \geqslant 0$,那么变换之后所得的 $x'_1 \geqslant 0,x'_2 \geqslant 0,\cdots,x'_n \geqslant 0$.

具有这种性质的变换称为正变换. 简言之,正变换把非负向量仍变为非负向量.

(2) 如果 $x_1 = x_2 = \cdots = x_n = x$,那么必有 $x'_1 = x'_2 = \cdots = x'_n = x$. 简言之,这个变换把平衡状态,即向量中所有分量均相等的状态,仍变为平衡状态.

(3) $x'_1 + x'_2 + \cdots + x'_n = x_1 + x_2 + \cdots + x_n$,用本章的例子来说明,即调整之后小孩手中砂糖的总质量仍然等于调整前砂糖的总质量.

以上三条性质,很容易用式(3)来验证.

为了简便,我们用 $\boldsymbol{T}$ 来记由式(3)所确定的变换,

而把式(1) 记为①

$$\begin{pmatrix} x'_1 \\ x'_2 \\ \vdots \\ x'_n \end{pmatrix} = \boldsymbol{T}\begin{pmatrix} x_1 \\ x_2 \\ \vdots \\ x_n \end{pmatrix} \qquad (2)$$

式(2) 形象地表明了:将变换 $\boldsymbol{T}$ 作用于旧向量,便得到式(2) 左边的新向量. 我们再将同一个变换作用于新向量$(x'_1,x'_2,\cdots,x'_n)$,得到$(x''_1,x''_2,\cdots,x''_n)$,可称这是用变换 $\boldsymbol{T}$ 的平方(记为 $\boldsymbol{T}^2$) 作用于最初向量的结果. 连续对$(x_1,x_2,\cdots,x_n)$ 进行 m 次变换 $\boldsymbol{T}$, 得到$(x_1^{(m)},x_2^{(m)},\cdots,x_n^{(m)})$,我们记为

$$\begin{pmatrix} x_1^{(m)} \\ x_2^{(m)} \\ \vdots \\ x_n^{(m)} \end{pmatrix} = \boldsymbol{T}^m\begin{pmatrix} x_1 \\ x_2 \\ \vdots \\ x_n \end{pmatrix} \qquad (3)$$

将 $\boldsymbol{T}$ 一次又一次、无止境地作用下去,相当于在式(3) 中令 $m = 1,2,3,4,\cdots$. 受第 1 章那道数学竞赛试题的答案的启示,我们自然地猜想到:不管$(x_1,x_2,\cdots,x_n)$是怎样一个向量,经过变换 $\boldsymbol{T}$ 的无限次的作用,最终会把各分量间的差别越拉越平,越来越接近平衡状态. 一说到“无限次”,数学上总是用“极限过程” 来描述的. 也就是说,为了确切地说明由式(1) 所确定的变换 $\boldsymbol{T}$ 是一个磨光变换,同时考虑到性质(3),我们应当证明:

对于任何一组实数$(x_1,x_2,\cdots,x_n)$,经过由式(1)

---

① 为方便起见,在本文中我们不区别列向量和行向量.

所确定的变换 $\boldsymbol{T}$ 的反复作用,都有

$$\lim_{m\to\infty}x_1^{(m)}=\lim_{m\to\infty}x_2^{(m)}=\cdots=\lim_{m\to\infty}x_n^{(m)}=\frac{x_1+x_2+\cdots+x_n}{n}\tag{4}$$

证明　我们首先在限制

$$x_1+x_2+\cdots+x_n=0\tag{5}$$

之下来证明式(4),稍后将会看到,这并不是一个本质的限制,一步一步的具体计算可得到

$$x_1^{(1)}=\frac{x_1+x_2}{2}$$

$$x_1^{(2)}=\frac{x_1^{(1)}+x_2^{(1)}}{2}=\frac{x_1+2x_2+x_3}{2^2}$$

$$x_1^{(3)}=\frac{x_1^{(2)}+x_2^{(2)}}{2}=\frac{x_1+2x_2+x_3}{2^3}+\frac{x_2+2x_3+x_4}{2^3}=\frac{x_1+3x_2+3x_3+x_4}{2^3}$$

$$\vdots$$

由此可以看出这样一个事实:在用 $x_1,x_2,\cdots,x_n$ 表示出 $x_1^{(n-1)}$ 的表达式中,分母是 2^{n-1},而分子是 $x_1,x_2,\cdots,x_n$ 的正整数系数的线性组合,即

$$x_1^{(n-1)}=\frac{\lambda_1x_1+\lambda_2x_2+\cdots+\lambda_nx_n}{2^{n-1}}\tag{6}$$

并且分子中 $x_1,x_2,\cdots,x_n$ 的系数之和

$$\lambda_1+\lambda_2+\cdots+\lambda_n=2^{n-1}\tag{7}$$

令 $\rho=\max\{|x_1|,|x_2|,\cdots,|x_n|\}$. 显然,对于给定的一组数 $(x_1,x_2,\cdots,x_n)$,ρ 是一个定数. 由式(6)及限制

(5) 可知

$$x_1^{(n-1)}=\frac{(\lambda_1-1)x_1+\cdots+(\lambda_n-1)x_n+x_1+\cdots+x_n}{2^{n-1}}=$$

$$\frac{(\lambda_1-1)x_1+\cdots+(\lambda_n-1)x_n}{2^{n-1}}$$

这里 $\lambda_1-1,\lambda_2-1,\cdots,\lambda_n-1$ 都是非负整数，于是

$$|x_1^{(n-1)}|\leqslant\frac{(\lambda_1-1)|x_1|+\cdots+(\lambda_n-1)|x_n|}{2^{n-1}}\leqslant$$

$$\frac{(\lambda_1-1)+\cdots+(\lambda_n-1)}{2^{n-1}}\rho$$

由式(7) 可知

$$|x_1^{(n-1)}|\leqslant\left(1-\frac{n}{2^{n-1}}\right)\rho$$

由对称性可以看出，对 $i=1,2,\cdots,n$，都有不等式

$$|x_i^{(n-1)}|\leqslant\left(1-\frac{n}{2^{n-1}}\right)\rho \tag{8}$$

把 $\boldsymbol{T}$ 对 $(x_1^{(n-1)},x_2^{(n-1)},\cdots,x_n^{(n-1)})$ 再连续作用 $n-1$ 次，并注意到由式(8) 有

$$\max\{|x_1^{(n-1)}|,|x_2^{(n-1)}|,\cdots,|x_n^{(n-1)}|\}\leqslant$$

$$\left(1-\frac{n}{2^{n-1}}\right)\rho$$

因此利用式(8)，可得出对 $i=1,2,\cdots,n$，有

$$|x_i^{(2n-2)}|\leqslant\left(1-\frac{1}{2^{n-1}}\right)\max\{|x_1^{(n-1)}|,\cdots,$$

$$|x_n^{(n-1)}|\}\leqslant\left(1-\frac{n}{2^{n-1}}\right)^2\rho$$

重复此种推理，可知对 $k=1,2,3,\cdots$，有

$$|x_i^{(kn-k)}|\leqslant\left(1-\frac{n}{2^{n-1}}\right)^k\rho,i=1,2,3,\cdots,n \tag{9}$$

由于 $1-\frac{n}{2^{n-1}}$ 是一个小于 1 的非负实数，可见

$$\lim_{k\to\infty}\left(1-\frac{n}{2^{n-1}}\right)^{k}=0$$

从而由式(9) 推知

$$\lim_{k\to\infty}x_i^{(kn-k)}=0, i=1,2,\cdots,n$$

由于当 $m>k(n-1)$ 时，$x_1^{(m)},x_2^{(m)},\cdots,x_n^{(m)}$ 都介于 $x_1^{(kn-k)},x_2^{(kn-k)},\cdots,x_n^{(kn-k)}$ 中的最大数与最小数之间(想一想，为什么)，因此上式实际上相当于

$$\lim_{m\to\infty}x_i^{(m)}=0, i=1,2,\cdots,n$$

这样，就在限制(5) 之下证明了结论.

现在我们取消限制(5)，用 A 记 $x_1,x_2,\cdots,x_n$ 的算术平均数，再令 $y_i=x_i-A$. 对向量$(y_1,y_2,\cdots,y_n)$ 而言

$$y_1+y_2+\cdots+y_n=(x_1+x_2+\cdots+x_n)-nA=0$$

限制(5) 得到满足，因此有

$$\lim_{m\to\infty}y_i^{(m)}=0, i=1,2,\cdots,n \tag{10}$$

对$(y_1,y_2,\cdots,y_n)$ 作变换 $\boldsymbol{T}$，得到$(y'_1,y'_2,\cdots,y'_n)$. 易见 $y'_i=x'_i-A(i=1,2,\cdots,n)$. 更进一步，可见 $y^{(m)}=x_i^{(m)}-A(i=1,2,\cdots,n)$，由式(10) 可得

$$\lim_{m\to\infty}(x_i^{(m)}-A)=0$$

即

$$\lim_{m\to\infty}x_i^{(m)}=A=\frac{x_1+x_2+\cdots+x_n}{n}, i=1,2,\cdots,n$$

这样，就完整地证明了结论，这表明由式(3) 所确定的 $\boldsymbol{T}$ 是一个磨光变换.

应当说，这个结论正是第 1 章那道数学竞赛试题的背景材料. 虽然试题中的“调整”并不完全是变换

T,而是多了一步“向老师补要一块”的手续,但这一手续不但使得一次调整之后,每个小孩手中总有偶数块糖果,便于一分为二,而且更重要的是使得只需经过有限次调整即达到平衡状态.

第3章 双随机方阵

一个非负方阵称为双随机的，如果它的每个行和与列和都是1. 双随机矩阵在数学和物理学上有许多重要的应用.

若干小孩围圆桌而坐，每人手中有砂糖若干，我们称一次调整是把每人手中的砂糖分一半给右邻. 求证：经过不断调整，所有小孩手中的砂糖(质量)一样多.

在小孩个数不多的情形下，我们看如何用极限的方法解决问题.

不妨设3个小孩手中的砂糖的初始质量为$a_0=a, b_0=b, c_0=c$，经过第i次调整后，他们手中的糖的质量分别是$a_i, b_i, c_i(i=0,1,\cdots)$.

我们将证明

$$\lim_{n\to\infty} a_n = \lim_{n\to\infty} b_n = \lim_{n\to\infty} c_n = \frac{a+b+c}{3}$$

由调整法则

$$\begin{cases} a_n = \dfrac{b_{n-1}+c_{n-1}}{2} \\ b_n = \dfrac{c_{n-1}+a_{n-1}}{2}, n=1,2,3,\cdots \\ c_n = \dfrac{a_{n-1}+b_{n-1}}{2} \end{cases}$$

于是

$$a_n + b_n + c_n = a_{n-1} + b_{n-1} + c_{n-1} = \cdots = a_0 + b_0 + c_0 = a + b + c$$

令

$$d = \frac{a+b+c}{3}$$

于是

$$a_n - d = \frac{b_{n-1}+c_{n-1}}{2} - d = \frac{a_{n-1}+b_{n-1}+c_{n-1}-a_{n-1}}{2} - d = \frac{3d}{2} - \frac{a_{n-1}}{2} - d = -\frac{1}{2}(a_{n-1}-d)$$

于是由递归

$$a_n - d = \left(-\frac{1}{2}\right)^n (a-d)$$

当 $n\to\infty$ 时，$a_n - d \to 0$，即 $a_n \to d = \dfrac{a+b+c}{3}$.

对于一般情形，即 n 个小孩的情形，我们把每次调整对应于一个非负矩阵

$$
\boldsymbol{A}=\begin{pmatrix}
\frac{1}{2} & \frac{1}{2} & 0 & \cdots & 0\\
0 & \frac{1}{2} & \frac{1}{2} & \cdots & 0\\
\vdots & \vdots & \vdots & & \vdots\\
 & & & \frac{1}{2} & \frac{1}{2}\\
\frac{1}{2} & 0 & \cdots & 0 & \frac{1}{2}
\end{pmatrix} \tag{12}
$$

设每个小孩最初手中的糖的质量是 $x_1,x_2,\cdots,x_n$，令 $\boldsymbol{X}=(x_1,x_2,\cdots,x_n)^{\mathrm{T}}$，于是，第一次调整，便是

$$
\boldsymbol{AX}=\left(\frac{x_1+x_2}{2},\frac{x_2+x_3}{2},\cdots,\frac{x_n+x_1}{2}\right)^{\mathrm{T}}
$$

第 m 次调整是 $\boldsymbol{A}^m\boldsymbol{X}$，我们要证明

$$
\lim_{m\to 0}\boldsymbol{A}^m\boldsymbol{X}=\left(\frac{x_1+x_2+\cdots+x_n}{n},\cdots,\frac{x_1+x_2+\cdots+x_n}{n}\right)^{\mathrm{T}}
$$

只需证

$$
\lim_{m\to\infty}\boldsymbol{A}^m=\frac{1}{n}\boldsymbol{J}
$$

或记

$$
\boldsymbol{A}^{\infty}=\frac{1}{n}\boldsymbol{J}
$$

这一结论在 1976 年曾作为莫斯科电力机械制造学院大学生数学竞赛试题，原题为：在三角形的三条边写上三个数 $a_1^{(1)},a_2^{(1)},a_3^{(1)}$，然后擦掉这些数. 将每边换成刚才另外两边的算术平均值（即换 $a_1^{(1)}$ 为 $a_1^{(2)}=\frac{a_2^{(1)}+a_3^{(1)}}{2}$，换 $a_2^{(1)}$ 为 $a_2^{(2)}=\frac{a_1^{(1)}+a_3^{(1)}}{2}$，换 $a_3^{(1)}$ 为 $a_3^{(2)}=\frac{a_1^{(1)}+a_2^{(1)}}{2}$），据所得各数再作类似计算，如此下去. 证

明:$\lim\limits_{n\to\infty} a_i^{(n)}(i=1,2,3)$ 存在,且等于$\frac{a_1^{(1)}+a_2^{(1)}+a_3^{(1)}}{3}$.

更一般地,我们不采取"分给右边小孩一半"的调整方法,而采用"分给其他每个小孩若干使每个小孩分给右边第 i 个同伴的比例都一样"的方法,则我们的调整矩阵便是如下的双随机矩阵

$$\boldsymbol{A}=\begin{pmatrix} m_1 & m_2 & \cdots & m_n \\ m_n & m_1 & \cdots & m_{n-1} \\ \vdots & \vdots & & \vdots \\ m_2 & m_3 & \cdots & m_1 \end{pmatrix} \tag{13}$$

其中 $m_i\geqslant 0$, $\sum\limits_{i=1}^{n} m_i=1$,于是,第一次调整便是

$$\boldsymbol{AX}=\begin{pmatrix} m_1x_1+m_2x_2+\cdots+m_nx_n \\ m_nx_1+m_1x_2+\cdots+m_{n-1}x_n \\ \vdots \\ m_2x_1+m_3x_2+\cdots+m_1x_n \end{pmatrix}$$

易见式(13)是一个循环双随机矩阵,即把第一行依次向右移位,便得到下面各行. 当 $m_1=m_2=\frac{1}{2}$, $m_i=0(i=3,4,\cdots,n)$,式(13)便是式(12). 这种双随机矩阵所描述的变换,称为磨光变换.

从定义易知 $\boldsymbol{A}$ 是双随机方阵,当且仅当 $\boldsymbol{JA}=\boldsymbol{AJ}=\boldsymbol{J}$,于是,我们有

定理 双随机矩阵的积是双随机的.

图论背景

第4章

1. 介　　绍

2003 年《美国数学月刊》发表了 Glenn Iba 和 James Tanton 的文章，介绍了前文那一试题的图论背景.

现在考虑那些有最少糖果的人，设 $m \in \mathbf{N}$ 为这个最小的糖果数. 在重新分配时，这个人将分$\frac{m}{2}$粒糖果给他右边相邻的人，同时从他的左边收到至少$\frac{m}{2}$粒糖果. 只有当他左边的人有同样少的糖果时，他拥有的糖果数才不会增加. 这样一来，如果有 k 个人坐成一排，每个人都有 m 粒糖果，在一次重分配后，前 $k-1$

个人仍有 m 粒糖果,但第 k 个人将有较多的糖果(除非每个人都有 m 粒糖果,在此情形分配已经稳定). 因此,每次重新分配之后,有最少糖果的人的数目在减少,因为每个人拥有的糖果数存在上界,这个事实使得形势稳定下来.

我们能否预先估计需要多少次反复分配才能使分糖果游戏稳定下来,同时它取怎样的稳定值? 这些问题仍然是公开的. 各种年龄的学生热衷于探究这些问题,比如试验不同糖果的初始分配数,把结果制表,从中搜寻可理解的模型.

糖果游戏有许多变形,比如,不是加糖果,而是学生吃掉奇数粒糖果使他拥有的糖果数减少到某个偶数,那么会发生什么情况? 或者,如果每位学生分掉他所有的糖果,比如一半给左边,另一半给右边,又会发生什么情况?

最后,马塞诸塞州东康普顿市北汉普顿威洛比中学的 Alan Lipp 提出了以下问题:假设 Angelica 在游戏开始时有 12 粒糖果,在每一次口哨吹响时,把她的糖果的$\frac{1}{3}$给她右边的邻居 Beatrice,在接受了她左边邻居给的糖果后,Angelica 向上进到下一个 3 的倍数. 在另一方面,Beatrice 在每一轮考虑 5 的倍数,把她$\frac{2}{5}$的糖果给她右边的邻居,而且总把她的糖果向上进到下一个 5 的倍数. 每个学生以同样的方式操作,用自己固定的一个数,以及以这个数为分母的固定分数.

下面的表 1 显示了一个 5 个玩家 A,B,C,D 和 E 的糖果游戏,游戏的"状态"在 5 轮后固定下来. Alan Lipp 和他的学生发现这些推广的糖果游戏好像总是要稳定下来，只要有至少一个玩家用不同于 1 的分数操作，同时没有人以分数 0 操作.

表 1

玩家	A	B	C	D	E
分给右边玩家的糖果的分式比例	$\frac{1}{3}$	$\frac{2}{5}$	1	$\frac{1}{2}$	$\frac{3}{4}$
舍入的倍数	3	5	1	2	4
初始分布	12	10	3	4	8
第 1 轮	15	10	4	6	4
第 2 轮	15	15	4	8	4
第 3 轮	15	15	6	8	8
第 4 轮	18	15	6	10	8
第 5 轮	18	15	6	12	8
第 6 轮	18	15	6	12	8

在本章中，我们通过进一步推广糖果游戏来证明这个结果. 假设每个玩家记住一个固定的整数，把他的糖果的一部分给他的几个或所有的朋友，而且在接收到他朋友给的糖果后把他的糖果数补充到他选取的整数的下一个数部. 在适当的条件下，这些糖果游戏是“有界”的，也就是，即使游戏进行无限多轮也只需要有限多的糖果（当然，前提是可以供应无限多的糖果）. 这样，在有限轮反复后，这个游戏中的糖果分布进入一个循环，我们发现了保证这个循环长度为 1 的条件（Alan Lipp 的游戏满足这些条件），那意味着游戏的糖果数稳定到固定的分布.

这里的关键是把注意力集中到单块糖果在游戏进行时的移动上. 这样的一块糖果自己只能处于有限多

种"状态"中,也就是,在有限多玩家的手上,游戏可以看做是一个在这些状态间移动糖果的随机过程(我们假设每个玩家随机地分配他的糖果). 换句话说,以这种方式研究的糖果游戏是一个有限 Markov 链. 看来,在下面的讨论中用 Markov 理论中的术语更合适些. 我们对我们需要的所有结果给出了独立的证明.

2　对游戏的描述

假设 n 位学生坐成一圈,每个人手中有一堆糖果,以 c_i 记第 i 位玩家最初拥有的糖果数($i \in [n] = \{1, 2, \cdots, n\}$),用 c 表示 $(\mathbf{Z}_+)^n$ 中的列向量 $(c_1, c_2, \cdots, c_n)^{\mathrm{T}}$(这里 $\mathbf{Z}_+ = \mathbf{N} \cup \{0\}$).

在游戏的一次迭代中,每个玩家把他的糖果分发给组中的一些或者所有成员. 对属于$[n]$的 i 和 j,用 $q_{ij}(\in \boldsymbol{Q})$ 表示玩家 i 给玩家 j 的糖果数的比例,这里 $0 \leqslant q_{ij} \leqslant 1$, $\sum\limits_{k \in [n]} q_{ik} = 1$. 这些比例在整个游戏中保持不变,注意到玩家 i 为自己保留了一部分糖果,如果 $q_{ii} \neq 0$,设 $\boldsymbol{Q}$ 是 $n \times n$ 矩阵,它的(i,j)一项是 q_{ij},我们把 $\boldsymbol{Q}$ 叫做游戏的转移矩阵. 例如,表 1 中描述的游戏的转移矩阵为

$$\begin{pmatrix} \frac{2}{3} & \frac{1}{3} & 0 & 0 & 0 \\ 0 & \frac{3}{5} & \frac{2}{5} & 0 & 0 \\ 0 & 0 & 0 & 1 & 0 \\ 0 & 0 & 0 & \frac{1}{2} & \frac{1}{2} \\ \frac{1}{4} & 0 & 0 & 0 & \frac{3}{4} \end{pmatrix}$$

我们假设,对每个 $i\in[n]$,值 c_i 是一个固定的正整数 D_i 的倍数,即既约形式的分式 $q_{i1},q_{i2},\cdots,q_{in}$ 的分母的公倍数. 这时,c_iq_{ij} 是一个整数,每个玩家在游戏的第一轮被给予整数块糖果. 为了保证在后来的游戏满足这个条件,我们要求玩家 i 在接收到他的同伴给的糖果后增加他的新的糖果数到下一个 D_i 的倍数.

设 $\boldsymbol{B}(c)$ 代表游戏的一轮迭代后新的糖果分布的列向量,$\boldsymbol{B}^2(c)$ 是两轮游戏后的糖果分布,如此等等(从而 $\boldsymbol{B}$ 是"分配和向上进"操作). 我们把$(\mathbf{Z}_+)^n$ 的一个向量 $\boldsymbol{s}$ 叫做游戏的一个状态,如果 $\boldsymbol{s}=\boldsymbol{B}^r(c)$,这里 $r\in\mathbf{Z}_+$(我们认为 $\boldsymbol{B}^0(c)=c$),我们也说这种情况下的糖果游戏在 r 轮后处于状态 $\boldsymbol{s}$.

对 $x,d\in\mathbf{N}$,用$[x]_d$ 表示大于或者等于 x 的 d 的最小倍数,作用在状态 $\boldsymbol{s}$ 上的操作 $\boldsymbol{B}$ 为

$$B(\boldsymbol{s})_i=\Big[\sum_{j=1}^{n}q_{ji}s_j\Big]_{D_i}=[(\boldsymbol{Q}^{\mathrm{T}}\boldsymbol{s})_i],i\in[n]$$

如果 $\boldsymbol{B}(\boldsymbol{s})=\boldsymbol{s}$,我们把糖果分布 $\boldsymbol{s}$ 叫做游戏的一个固定状态. 我们把$(\mathbf{Z}_+)^n$ 任意一个向量 $\boldsymbol{u}$,不需要是游戏的一个状态,叫做 $\boldsymbol{B}$ 的一个不动点,如果 $\boldsymbol{B}(\boldsymbol{u})=\boldsymbol{u}$.

设 $\boldsymbol{s}$ 是 r 轮游戏后的状态. 这时,$T_r=\sum\limits_{i\in[n]}s_i$ 记录了在第 r 轮游戏后参加者拥有的糖果总数. 注意到下面的

$$\sum_{i\in[n]}(\boldsymbol{Q}^{\mathrm{T}}\boldsymbol{s})_i=\sum_{i\in[n]}\sum_{j\in[n]}q_{ji}s_j=\sum_{j\in[n]}s_j\Big(\sum_{i\in[n]}q_{ji}\Big)=\sum_{j\in[n]}s_j$$

这说明 $T_{r+1}\geqslant T_r$,等式成立当且仅当 $\boldsymbol{B}(\boldsymbol{s})=\boldsymbol{Q}^{\mathrm{T}}\boldsymbol{s}$(即没有发生"向上进"). 我们把$\{T_r\}_{r\in\mathbf{Z}_+}$ 叫做游戏的糖果总数序列.

我们用转移矩阵 $\boldsymbol{Q}$,正整数 $D_1,D_2,\cdots,D_n$,初始分

布 c 把糖果游戏表示为 $C(\boldsymbol{Q};D_1,D_2,\cdots,D_n;c)$—— 或者简记为 $C(\boldsymbol{Q})$—— 如果正整数 D_i 和初始分布是隐含的.

3　有界的游戏

称糖果游戏 $C(\boldsymbol{Q};D_1,D_2,\cdots,D_n;c)$ 有界,如果存在 $(\mathbf{Z}_+)^n$ 中向量 $\boldsymbol{u}$ 对游戏的所有状态 $\boldsymbol{s}$,所有的 $i \in [n]$ 满足 $s_i \leqslant u_i$. 对一个有界游戏,相应的总数序列 $\{T_i\}$ 像上面那样被 $(\sum_{i\in[n]} u_i)$ 限制,因此它收敛到一个常数. 所以,在游戏经过有限多次迭代后,“向上进”的情况不会发生,对状态 $\boldsymbol{s}$ 的操作 $\boldsymbol{B}$ 只是对 $\boldsymbol{s}$ 左乘矩阵 $\boldsymbol{Q}^{\mathrm{T}}$. 这时,对游戏的数学分析化简为对一个普通的随机过程的分析,对于后者,许多结果已经知道了.

北京数学奥林匹克竞赛中的糖果游戏以及在本章的介绍中提到的糖果游戏都被向量 $\{M,M,\cdots,M\}$ 所限制,这里的 M 是糖果的初始分布中玩家拥有的糖果数的最大值. 但不是所有的糖果游戏都有界,例如,在图 1 中描述的游戏明显会“消耗”无限多糖果.

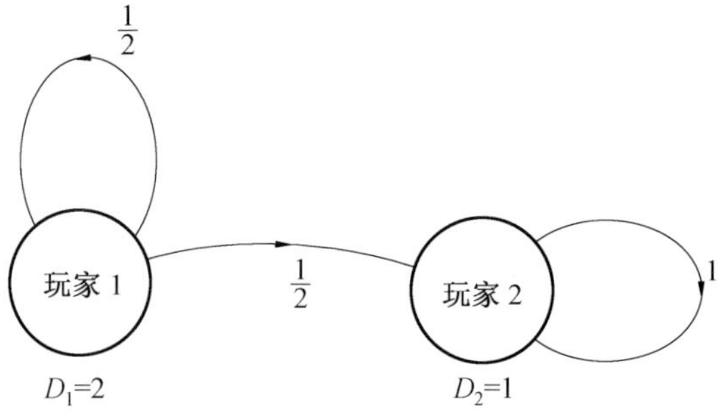

图 1

容易看到所有的糖果游戏一定会落入摆动或稳定的形态(对$(\mathbf{Z}_+)^n$中的一个固定向量$\boldsymbol{u}$,在$(\mathbf{Z}_+)^n$中只有有限多$\boldsymbol{s}$满足$s_i \leqslant u_i$). 因此,在一个有界的游戏$C(\boldsymbol{Q};D_1,D_2,\cdots,D_n;c)$中,一定存在一个糖果分布$\boldsymbol{s}$和一个最小正整数$d$满足$\boldsymbol{s}=\boldsymbol{B}^r(c)=\boldsymbol{B}^{r+d}(c)$,这里的$r$是$\mathbf{N}$中的某个数,我们把$d$叫做摆动形态的周期.

我们将找到使糖果游戏有界的条件.

4　有向图、路和周期

如图1那样的图像是描述糖果游戏的自然方式. 对一个n位玩家的糖果游戏$C(\boldsymbol{Q})$,我们把它联想为一个n点(标为1到n)的有向图$G(\boldsymbol{Q})$,每个点代表一位玩家,有从玩家i到玩家j的有向边当且仅当$q_{ij}\neq 0$. 如果对某个i有$q_{ii}\neq 0$,我们画一个从顶点i到自己的任意方向的环. 把游戏的玩家看做相应有向图的顶点,或者反过来,都是很方便的,我们常常把有向图简记为G.

先介绍帮助我们描述单粒糖果移动的术语,我们说两个玩家相邻,如果在G中他们之间有一条有向边. G中一条从玩家i到j的长l的路是指G中的一个顶点(不需要不同)序列$i=i_0,i_1,i_2,\cdots,i_l=j$,它满足对任意$r\in\{0,1,2,\cdots,l-1\}$,存在从点$i_r$到$i_{r+1}$的有向边. 这样的路对应着个别糖果在游戏期间的移动路径. 一个圈是一条开始和终止于同一个顶点的路,我们说一个圈是基于玩家i的,如果我们希望把这个圈想象为从i开始和结尾.

玩家i通向玩家j,如果在C中存在一条从点i到j

的路,拿糖果游戏来说,这表示一粒糖果有可能从玩家 i 手中移动到玩家 j 拥有的糖果堆中.

定义 1 一个 n 人的糖果游戏叫做不可约,如果所有的玩家 i 通向所有的玩家 j.

如果对玩家 i,j,k,以 ρ_1 表示在 G 中从 i 到 j 的路,ρ_2 表示从 j 到 k 的路,那么我们用 $\rho_1\rho_2$ 表示这两条路的合成,这是一条从点 i 到点 k 的路.

有个问题,特定的一粒糖果离开一个玩家,是否可能在某个时候回到这个玩家手中?

定义 2 在 n 人糖果游戏中,玩家 i 叫做回归的(recurrent),如果只要 i 通向 j,那么 j 也通向 i,否则这个玩家叫做过渡的(transient).

对一个回归玩家 i,G 中任意一个从 i 出发的路是基于 i 的一个圈的一部分,也就是所有离开那个玩家的糖果有机会回到那个玩家手中. 对过渡玩家,情况就不是这样,显然,在一个不可约游戏中,所有玩家都是回归的,图 2 显示了一个 4 个玩家的游戏的有向图. 显然,玩家 1,3 和 4 是回归的,但玩家 2 不是.

下面的引理可以直接验证,它提供了关键的步骤,把复杂的糖果游戏分化成易处理的子游戏.

引理 1 设 i 和 j 是一个糖果游戏中的玩家,如果 i 是回归的而且 i 通向 j,那么 j 是回归的.

我们需要另外一个定义.

定义 3 在一个糖果游戏 $C(\boldsymbol{Q})$ 中,我们说玩家的一个子集 S 是闭的,如果每当某个 i 属于 S 而且 i 通向 j 时,j 也属于 S. 子集 S 叫做不可约的,如果对所有属于 S 的 i 和 j,存在一条完全包含在 S 中的从 i 到 j 的路.

我们有下面的重要结果.

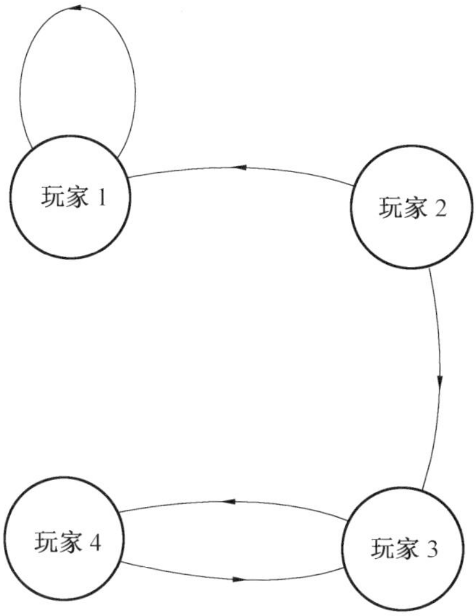

图 2

引理 2　在一个有限多玩家的糖果游戏中，所有回归玩家的集合是玩家的闭不可约子集的不交并.

证明　设 i 是一个糖果游戏 $C(\boldsymbol{Q})$ 的回归玩家，$S_i=\{j\mid$ 在图 $G(\boldsymbol{Q})$ 中，i 通向 $j\}$. 这时，S_i 是一个回归玩家组成的闭集，容易验证它是不可约的. 而且，如果 i 和 j 都是回归玩家，那么或者他们的一个通向另一个，结果 $S_i=S_j$，或者他们都不通向对方，那么 S_i 和 S_j 是不相交的.

我们将发现搞明白不可约糖果游戏中的圈的长度很重要. 我们将开始使用一些数论. 设 I 是自然数的非空子集(可能无限). 我们把 $d(\in\mathbf{N})$ 叫做 I 的公约数，如果对 I 中所有的 n 有 $d\mid n$. 我们说 d 是 I 的最大公约数，如果 d 是一个公约数，而且对 I 的所有其他公约数 a 有 $a\mid d$. 我们定义空集的最大公约数为 $d=\infty$. 自然

数的任意子集 I 都存在最大公约数，我们把它记作 $\gcd(I)$.

对糖果游戏 $C(\boldsymbol{Q})$ 中的一个玩家 i，我们设 $I_i = \{l \in \mathbf{N} \mid$ 存在一个基于 i 的长 l 的圈$\}$.

定义 4 在一个糖果游戏 $C(\boldsymbol{Q})$ 中，$d_i = \gcd(I_i)$ 叫做玩家 i 的周期.（注意到如果 $q_{ii} \neq 0$，那么 $d_i = 1$）

“周期”这个概念在 Markov 理论中是标准的.

引理 3 设 i 和 j 是糖果游戏中的两个不同玩家，如果 i 通向 j 而且 j 通向 i，那么 $d_i = d_j$.

证明 基于 i 和 j 的圈的存在性说明两个玩家都没有无限周期. 设 p_1 是一条从 i 到 j 的长 l_1 的路，p_2 是一条从 j 到 i 的长 l_2 的路. 这时 p_1p_2 是一条基于 i 的长 $l_1 + l_2$ 的圈，因此$d_i \mid (l_1 + l_2)$.

现在考虑基于 j 的任意一个圈 q，假设它长 l，这时 p_1qp_2 是一个长 $l_1 + l + l_2$ 的基于 i 的圈，因此 $d_i \mid l$.

这样，d_i 是所有基于 j 的圈长度的公约数，因此 $d_i \mid d_j$，同样，$d_j \mid d_i$，这说明这两个周期是相等的.

引理 3 有下面的重要推论.

推论 4 在不可约游戏中，所有玩家有相同的周期.

我们命名一种特殊情况.

定义 5 一个不可约游戏叫做非周期的(aperiodic)，如果玩家们的共同周期等于 1，特别，如果对某个 i 有 $q_{ii} \neq 0$，那么游戏是非周期的.

在继续以前我们做更多的观察，设 i 是糖果游戏中的一个玩家. 在相应的子集 I_i 中，圈的相互邻接(juxtaposition) 说明 I_i 在加法下是闭的. 考虑玩家 i 的周期为 1 的情况.

引理5 设 I 是在加法下闭的自然数的非空子集，而且 $\gcd(I)=1$，那么，存在一个自然数 N 使得 I 包含所有大于等于 N 的自然数.

证明 在 I 中选两个元 a_1 和 a_2，这里 $a_2>a_1$，设 $k=a_2-a_1$，如果 $k\neq 1$，那么 k 不是 I 的最大公约数，而且在 I 中存在一个元 b，b 不是 k 的倍数. 假设 $(s-1)k<b<sk$，这里 $s\in\mathbf{N}$，这时 sa_2 和 sa_1+b 是 I 中差小于 k 的两个元. 重复进行这个过程，一定会产生属于 I 的两个连续整数.

假设 a 和 $a+1$ 是这两个整数，这时，按照集合的封闭性

$$a^2+r=(a-r)a+r(a+1)\in I$$

对每个满足 $0\leqslant r\leqslant a$ 的 r 成立，也就是说，a^2-1 之后的连续 a 个整数属于 I.

在这连续 a 个数上重复加上 a，我们就证明了 a^2 以及比它大的整数都属于 I.

作为这个引理的有趣应用，读者可以玩玩下面的问题作为娱乐：设 a 是一个奇的正整数，$N=a^2-1$，只用 a 和 $a+2$ 单位的硬币，证明可以找出大小为 N 或更大的零钱，但找不出 $N-1$ 的零钱.

5 不可约游戏是有界的

我们将说明所有不可约游戏是有界的. 下面的引理是 Markov 理论中的标准结果. 在这里，我们用非常基础的代数方法给出一个证明.

引理6 设 $\boldsymbol{Q}$ 是一个 n 位玩家的不可约糖果游戏的 $n\times n$ 转移矩阵. 这时存在一个 $\boldsymbol{Q}^n$ 中的向量 $\boldsymbol{f}$，除了

一个正因子是唯一的，对每个 $i\in[n]$ 满足 $f_i>0$，而且 $\boldsymbol{Q}^{\mathrm{T}}\boldsymbol{f}=\boldsymbol{f}$.

证明 以 $\mathbf{1}$ 表示每个元等于1的 n - 向量，$\mathbf{0}$ 表示零向量，$\boldsymbol{I}$ 表示 $n\times n$ 单位矩阵. 设 $\boldsymbol{Q}'=\boldsymbol{Q}-\boldsymbol{I}$，因为 $\boldsymbol{Q}\mathbf{1}=\mathbf{1}$，所以 $\boldsymbol{Q}'$ 的列的秩严格小于 n. 从而，$\boldsymbol{Q}'$ 的转置矩阵 $(\boldsymbol{Q}')^{\mathrm{T}}$ 的行秩也小于 n. 这样，当工作在有理数域上时，我们能找到一个非平凡向量 $\boldsymbol{f}\in\boldsymbol{Q}^n$ 满足

$$(\boldsymbol{Q}')^{\mathrm{T}}\boldsymbol{f}=\mathbf{0}$$

或者，等价地

$$(\boldsymbol{Q}')^{\mathrm{T}}\boldsymbol{f}=\boldsymbol{f}$$

我们先证实这个向量 $\boldsymbol{f}$ 的元素或者都是非负的或者都是非正的. 假设相反，我们能找到 $i',j'\in[n]$ 使得 $f_{i'}>0,f_{j'}<0$. 在与游戏对应的有向图中选取一条从 i' 到 j' 的路. 顺着这条路，我们能找到两个相邻玩家 i 和 j 满足 $q_{ij}\neq 0,f_i>0,f_j<0$.

设 $S^+=\{i\in[n]\mid f_i\geqslant 0\},S^-=\{i\in[n]\mid f_i<0\}$，因为 $\boldsymbol{f}=\boldsymbol{Q}^{\mathrm{T}}\boldsymbol{f}$，所以

$$\begin{aligned}\sum_{i\in S^+}f_i=&\sum_{i\in S^+}\sum_{j\in[n]}q_{ji}f_j=\\&\sum_{i\in S^+}\sum_{j\in S^+}q_{ji}f_j+\sum_{i\in S^+}\sum_{j\in S^-}q_{ji}f_j<\\&\sum_{i\in S^+}\sum_{j\in S^+}q_{ji}f_j=\\&\sum_{j\in S^+}\Big(\sum_{i\in S^+}q_{ji}\Big)f_j\leqslant\sum_{j\in S^+}f_j\end{aligned}$$

是一个矛盾.

于是我们假设 $\boldsymbol{f}$ 所有的分量都是非负的（否则用 $-\boldsymbol{f}$）. 因为 $\boldsymbol{f}$ 是非平凡的，它至少有一个正分量，我们证明它所有的分量是严格正的.

假设相反我们找到下标 i 和 j 有 $f_j>0,f_i=0$. 顺着

一条从 j 到 i 的路,我们可以假设 i 和 j 是相邻的,有 $q_{ji}\neq 0$,这时

$$0=f_i=\sum_{j\in[n]}q_{ji}f_j>0$$

又一个矛盾.

最后,我们证明满足 $\boldsymbol{Q}^{\mathrm{T}}\boldsymbol{f}=\boldsymbol{f}$ 的有正分量的向量 $\boldsymbol{f}$ 除了一个正因子外是唯一的. 设 g 是 $\boldsymbol{Q}^{\mathrm{T}}$ 的另一个这样的特征向量. 通过改变比例,我们可以假设 $f_1=g_1$. 假设我们找到一个下标 r 使 $f_r\neq g_r$,不失一般性,假设 $f_r<g_r$,选 $\varepsilon\in\left(1,\frac{g_r}{f_r}\right)$. 这时 $\boldsymbol{g}-\varepsilon\boldsymbol{f}$ 是 $\boldsymbol{Q}^{\mathrm{T}}$ 的一个特征向量(特征值为1),有 $(\boldsymbol{g}-\varepsilon\boldsymbol{f})_1<0,(\boldsymbol{g}-\varepsilon\boldsymbol{f})_r>0$,但像我们前面看到的,没有这样的特征向量存在.

注　$\boldsymbol{f}$ 的分量有物理上的解释:对每个 $i,f_j^{-1}\sum\limits_{j\in[n]}f_j$ 是一个特定的糖果从玩家 i 手中离开又回到玩家 i 所需要的游戏迭代的期望次数(假设玩家随机分配糖果).

我们现在用这个引理,考虑一个不可约糖果游戏 $C(\boldsymbol{Q};D_1,D_2,\cdots,D_n;c)$. 设 $\boldsymbol{f}$ 是 $\boldsymbol{Q}^{\mathrm{T}}$ 的特征值为1的特征向量,有正分量. 通过适当改变比例,我们可以假设 $\boldsymbol{f}$ 的所有分量都是整数. 设 $\boldsymbol{u}=D_1D_2\cdots D_n\boldsymbol{f}$. 这时,对每个 i,u_i 是 D_i 的一个倍数,而且 $[(\boldsymbol{Q}^{\mathrm{T}}\boldsymbol{u})_i]_{D_i}=[u_i]_{D_i}=u_i$. 这样,向量 $\boldsymbol{u}$ 代表一个在游戏进行中保持不变的糖果分布. 我们断定:

引理7　每个不可约糖果游戏有不动点.

(注意,对不动点 $\boldsymbol{u}$ 乘以任意大的量,我们可以保证 $\boldsymbol{u}$ 的分量任意大) 例如,表1中描述的游戏是不可约的,而且有 $\boldsymbol{u}=(18,15,6,12,8)^{\mathrm{T}}$ 作为固定点. 它是游

戏的转移矩阵的转置矩阵 $\boldsymbol{Q}^{\mathrm{T}}$ 的一个特征向量,引理7有一个有趣的推论.

引理8 每个不可约糖果游戏是有界的.

证明 设 $C(\boldsymbol{Q};D_1,D_2,\cdots,D_n;c)$ 是一个 n 位玩家的不可约糖果游戏,初始糖果分布为 c,选一个 $\boldsymbol{Q}^{\mathrm{T}}$ 的不动点 $\boldsymbol{u}$,它的分量充分大,使得 $c_i \leqslant u_i$ 对所有 i 成立,也假设选取 $\boldsymbol{u}$ 时使它的每个分量 u_i 是 D_i 的倍数. 现在,对每个 i

$$\sum_{j\in[n]} q_{ji}c_j \leqslant \sum_{j\in[n]} q_{ji}u_j = u_i$$

因此

$$B(c)_i = \left[\sum_{j\in[n]} q_{ji}c_j\right]_{D_i} \leqslant [u_i]_{D_i} = u_i$$

这样我们证明了,对每个 i 成立 $c_i \leqslant u_i$ 隐含着对每个 i 也成立 $B(c)_i \leqslant u_i$. 重复应用上面的结果,我们证实了对所有的 $r \in \mathbf{N}$ 以及所有的 $i \in [n]$ 成立 $\boldsymbol{B}^r(c)_i \leqslant u_i$.

我们现在已能够断定所有的不可约糖果游戏,不管它的初始糖果分布是什么,进行有限多步后终会进入摆动的形态,把这样的游戏继续下去并不需要无限地供给糖果.

6 关于摆动的周期

设 $C(\boldsymbol{Q})$ 是一个不可约的 n 位玩家的糖果游戏,初始分布为 c. 按照前一节的结果,我们知道一定存在一个糖果分布 $\boldsymbol{s}$ 和一个最小正整数 d 使得 $\boldsymbol{s} = \boldsymbol{B}^r(c) = \boldsymbol{B}^{r+d}(c)$ 对某个 $r \in \mathbf{N}$ 成立,而且,我们有

$$\boldsymbol{B}(\boldsymbol{B}^k(\boldsymbol{s})) = \boldsymbol{Q}^{\mathrm{T}}(\boldsymbol{B}^k(\boldsymbol{s}))$$

对所有 $k \in \mathbf{Z}_+$ 成立.

让我们介绍一些术语以描述糖果分布偏离固定状态的程度. 先从 $\boldsymbol{Q}^n$ 中选一个向量 $\boldsymbol{f}$. 它的分量为正而且 $\boldsymbol{Q}^{\mathrm{T}}\boldsymbol{f}=\boldsymbol{f}$. 通过改变比例,我们可以假设 $s_i \geqslant f_i$ 对所有 i 成立,而且对至少一个下标 j 有 $f_j = s_j$. 在我们选取的 $\boldsymbol{f}$ 的情况, 我们叫玩家 i 在第 m 轮弱丰的(weakly abundant), 如果 $B^m(c)_i \geqslant f_i$; 严格丰的(strictly abundant),如果 $B^m(c)_i > f_i$. 在第 r 轮,所有玩家都是弱丰的.

引理 9　设术语仍像前面几段那样.

(1) 如果所有玩家在游戏的第 $m(\geqslant r)$ 轮是弱丰的,那么他们在游戏的下一轮仍然这样.

(2) 如果在游戏的第 $m(\geqslant r)$ 轮,所有玩家是弱丰的,玩家 i 是严格丰的,而且对某个 j 有 $q_{ji} \neq 0$,那么在第 $m+1$ 轮,玩家 j 是严格丰的.

证明　设 $\boldsymbol{c}' = \boldsymbol{B}^m(c)$ 以及 $\boldsymbol{c}'' = \boldsymbol{B}^{m+1}(c) = \boldsymbol{Q}^{\mathrm{T}}\boldsymbol{c}'$,如果对每个 k 有 $c'_k \geqslant f_k$,那么对每个 i 有

$$c''_i = \sum_{k\in[n]} q_{ki}c'_k \geqslant \sum_{k\in[n]} q_{ki}f_k = f_i$$

这就证明了(1).

如果对每个 k 有 $c'_k \geqslant f_k$,对某个 i 和 j 有 $c'_i > f_i$ 而且 $q_{ij} \neq 0$,那么

$$c''_j = \sum_{k\in[n]} q_{kj}c_k > \sum_{k\in[n]} q_{kj}f_k = f_j$$

这就证明了(2).

这个引理有些重要推论.

推论 10　如果玩家 i 在第 $m(>r)$ 轮是严格丰的,而且是一个长 l 的圈的一部分,那么玩家 i 在第 $m+l$ 轮又是严格丰的.

推论 11　假设在一个不可约糖果游戏 $C(\boldsymbol{Q})$ 中,

玩家 i 在游戏的所有轮是严格丰的. 如果 i 通向 j,那么在有限多次迭代后,玩家 j 也永远是严格丰的.

这些重要的发现允许我们完成对不可约糖果游戏的长期行为的分析. 下面结果的证明综合了这篇文章谈到的所有想法.

定理 12 设 $C(\boldsymbol{Q};D_1,D_2,\cdots,D_n;c)$ 是一个 n 位玩家的不可约糖果游戏,那么游戏是有界的而且它的状态将进入摆动的形式. 摆动的周期是玩家们的公共周期的一个因子. 因此,如果游戏是非周期的,那么游戏的糖果分布将稳定到一个固定状态.

证明 设 $\boldsymbol{s}\in(\mathbf{Z}_+)^n$ 是游戏状态进入摆动形式后的一个状态. 像以前那样,选一个向量 $\boldsymbol{f}\in(\mathbf{Q}_+)^n$ 满足条件 $\boldsymbol{Q}^{\mathrm{T}}\boldsymbol{f}=\boldsymbol{f}$,对所有 i 有 $s_i\geqslant f_i$,而且对至少一个 j 有 $f_j=s_j$,像以前那样,在游戏的特定轮用弱丰或者严格丰来描述玩家(相对于向量 $\boldsymbol{f}$).

如果 $\boldsymbol{f}=\boldsymbol{s}$,那么 $\boldsymbol{s}$ 是游戏的一个稳定状态,摆动的周期是 1,我们就完成了证明. 我们继续考虑假设:对某个 k 有 $s_i>f_i$.

我们先证明游戏是非周期时的定理. 考虑严格丰的玩家 k,按照引理 5,存在基于 k 的圈,它们的长度都大于某个值 N. 从而,玩家 k 在游戏的 $r+N$ 轮后永远是严格丰的(推论 10). 因为游戏是不可约的,玩家 k 通向其他每个玩家. 因此按照推论 11,在又经过有限多轮后,所有玩家永远是严格丰的. 结果,游戏再也不能回到状态 $\boldsymbol{s}$,这是一个矛盾. 因此一定只有一种情况:非周期游戏稳定到固定状态.

另一方面,假设玩家们的公共周期 $d\neq 1$,这时在相应的有向图 G 中所有圈的长度被 d 整除. 考虑糖果

游戏 $C(\boldsymbol{Q}^d;D_1,D_2,\cdots,D_n;\boldsymbol{s})$. 因为对原先的游戏的操作 $\boldsymbol{B}$ 作用在状态 $\boldsymbol{s}$ 上,而且对所有"稍后"状态的操作是左乘 $\boldsymbol{Q}^{\mathrm{T}}$(假设没有舍入),那么对新游戏,相应的操作恰好是 $\boldsymbol{B}^d$,即左乘以 $(\boldsymbol{Q}^d)^{\mathrm{T}}$,也没有舍入. 这样,我们的新糖果游戏 $C(\boldsymbol{Q}^d)$ 的一次迭代刚好对应于原先的游戏从分布 $\boldsymbol{s}$(不是 c 开始的 d 次迭代). 与游戏 $C(\boldsymbol{Q}^d)$ 对应的有向图记为 $G(\boldsymbol{Q}^d)$.

考虑玩家 i,我们有

$$\gcd(\{l\in\mathbf{N}:\text{在 } G(\boldsymbol{Q}^d) \text{ 中存在基于 } i \text{ 的长为 } l \text{ 的圈}\})=\gcd(\{l\in\mathbf{N}:\text{在 } G(\boldsymbol{Q}) \text{ 中存在基于 } i \text{ 的长为 } ld \text{ 的圈}\})=\frac{1}{d}\cdot\gcd(I_i)=1$$

这样,游戏 $C(\boldsymbol{Q}^d)$ 是非周期的. 但它不一定是不可约的.

论断 游戏 $C(\boldsymbol{Q}^d)$ 中的所有玩家是回归的.

为了验证这个论断,我们假设在游戏 $C(\boldsymbol{Q}^d)$ 中,玩家 i 通向玩家 j,这时在 $G(\boldsymbol{Q})$ 中存在一条从 i 到 j 的长为 d 的某个倍数的路. 因为游戏 $C(\boldsymbol{Q})$ 是不可约的,所以在 $G(\boldsymbol{Q})$ 中存在一条从 j 到 i 的路. 因为所有的圈的长能被 d 整除,这条路的长度也一定是 d 的倍数,从而在 $G(\boldsymbol{Q}^d)$ 中存在一条从 j 到 i 的路,这说明玩家 i 是回归的,因此断言成立.

按照引理 2 的结果,我们把玩家的集合划分为闭的不可约集的不交并. 因为每个子集本身是一个非周期的游戏,游戏 $C(\boldsymbol{Q}^d)$ 一定稳定到一个固定状态. 这意味着游戏 $C(\boldsymbol{Q})$ 每经过 d 次迭代就回到同样的状态. 因此,摆动的周期是 d 的因子.

作为一个例子,考虑这样一个游戏,每个玩家把他的一半糖果分给左边的邻居,一半给右边的邻居,如果玩家数为奇数,游戏是不可约的,会稳定到一个固定状态. 当玩家数为偶数时,游戏状态可能发生周期为 2 的摆动. 为了从另一方面看清这一点,想象玩家们在迭代之间交换坐位,随着分给右边的一半糖果一起向右边移动一个座位. 这种情况相当于每个人简单地把他手中一半糖果交给左边隔一个座位的人. 如果围成一圈的是偶数个人,这相当于分别分析两个不交叉的团体,每一个一定会稳定下来(但不需要经过同样多的迭代). 对奇数个人的游戏,问题相当于 1962 年北京数学奥林匹克竞赛中描述的游戏,那一定会稳定下来的. Alan Lipp 的游戏也是不可约而且非周期的,因此糖果分布会收敛到固定分布.

关于泛随机矩阵的 Birkhoff 定理

第5章

1　引　言

一个具有非负实值元的 $n \times n$ 矩阵称为双随机矩阵,如果任何沿着它的行或列的和都等于1.一个双随机矩阵是泛随机的,如果沿着任何向下的或向上的.截断的或完整的对角线之和也都等于1.例如

$$\frac{1}{5}\begin{pmatrix}1 & 1 & 1 & 1 & 1\\1 & 1 & 1 & 1 & 1\\1 & 1 & 1 & 1 & 1\\1 & 1 & 1 & 1 & 1\\1 & 1 & 1 & 1 & 1\end{pmatrix}$$

$$\begin{pmatrix} 1 & 0 & 0 & 0 & 0 \\ 0 & 0 & 0 & 1 & 0 \\ 0 & 1 & 0 & 0 & 0 \\ 0 & 0 & 0 & 0 & 1 \\ 0 & 0 & 1 & 0 & 0 \end{pmatrix}$$

$$\frac{1}{60}\begin{pmatrix} 1 & 13 & 20 & 7 & 19 \\ 22 & 9 & 16 & 3 & 10 \\ 18 & 0 & 12 & 24 & 6 \\ 14 & 21 & 8 & 15 & 2 \\ 5 & 17 & 4 & 11 & 23 \end{pmatrix}$$

是泛随机矩阵.

一个线性组合称为凸的,如果系数是非负的而且它们的和等于 1. Birkhoff 证明了每一个双随机矩阵可以表示成置换矩阵的凸组合. 关于整数矩阵的有关结果更早些由 Kőnig 和 Egerváry 得到. Birkhoff 定理已经以不同方式得到了推广;例如,Schneider 得到了关于诸元在格序阿贝尔群中取值的矩阵的相应结果.

Birkhoff 定理的类似结果是否对泛随机矩阵也成立呢?我们的第一个主要结果是,当 $n=5$ 时,确实如此.

定理 1　一个 5×5 的实矩阵是泛随机的,当且仅当它可以表示成泛随机置换矩阵的凸组合.

因为没有置换矩阵是其他置换矩阵的凸组合,$n\times n$ 双随机矩阵形成一个以 $n\times n$ 置换矩阵为顶点的广义多面体. 定理 1 有下列的几何解释.

推论 1　所有 5×5 实值泛随机矩阵所构成的集形成一个凸多面体,它的顶点是泛随机置换矩阵.

Birkhoff 定理对泛随机矩阵的类似结果当 $n=1$ 时

显然成立. 我们的第二个主要结果表明,定理 1 不能推广到 $n>1, n\neq 5$ 的情形.

定理2　如果 $n>1, n\neq 5$,那么存在某个 $n\times n$ 泛随机矩阵,它不是泛随机置换矩阵的凸组合.

我们采用下列的记号和术语:一个域上的 $n\times n$ 矩阵 $\boldsymbol{A}$ 称为泛幻阵,如果沿着 $\boldsymbol{A}$ 的所有行、列,向下的或向上的、截断的或完整的对角线之和都相等,在这种情况下,和的公共值称为 $\boldsymbol{A}$ 的幻数,记为 $\mu(\boldsymbol{A})$. 域 F 上所有 $n\times n$ 泛幻阵的集,记作 $\mathrm{Pan}(n,F)$,是域 F 上所有 $n\times n$ 矩阵的向量空间 $\mathrm{gl}(n,F)$ 的一个子空间. 我们用 $\Omega_n=\{0,1,\cdots,n-1\}$ 的元素来标记一个 $n\times n$ 矩阵的行和列. 我们用下述的方法来标记对角线. 对 $k\in\Omega_n$ 只要 $i+j\equiv k(\bmod n)$,第 k 条向中的对角线就包含了位于 (i,j) 的元,而只要 $i-j\equiv k(\bmod n)$,第 k 条向上的对角线就包含了位于 (i,j) 的元.

2　泛幻置换

设 $\mathrm{Sym}(\Omega_n)$ 是 Ω_n 上的全体置换所构成的群,F 是一个域. 对 $\pi\in\mathrm{Sym}(\Omega_n)$,用 $\boldsymbol{P}_\pi$ 表示对应的置换矩阵:如果 $i=\pi(j)$,$\boldsymbol{P}_\pi$ 的 (i,j) 元是 1,否则是 0. 我们说 $\pi\in\mathrm{Sym}(\Omega_n)$ 是一个 n 阶的泛幻置换,如果 $\boldsymbol{P}_\pi\in\mathrm{Pan}(n,F)$. 用 Π_n 表示所有 n 阶的泛幻置换构成的集. 这些定义不依赖于 F;参看引理1. 特别,如果 $F=\mathbf{R}$,那么 $\pi\in\mathrm{Sym}(\Omega_n)$ 是泛幻的,当且仅当 $\boldsymbol{P}_\pi$ 是泛随机的.

如果 $\pi\in\mathrm{Sym}(\Omega_n)$,那么沿着 $\boldsymbol{P}_\pi$ 的任何行或列的元素和都等于 1. 沿着 $\boldsymbol{P}_\pi$ 的任何对角线的元素和全等于 1,当且仅当对任何 $k\in\Omega_n$,同余方程 $\pi(j)-j\equiv$

$k(\bmod n)$ 和 $\pi(j)+j\equiv k(\bmod n)$ 对 $j\in\Omega_n$ 有唯一解.我们把这些观察记录成:

引理 1 设 $\pi\in\mathrm{Sym}(\Omega_n)$. 那么 π 是泛幻的,当且仅当存在 $\lambda,\rho\in\mathrm{Sym}(\Omega_n)$ 使得对一切 $j\in\Omega_n$ 有

$$\pi(j)-j\equiv\lambda(j)(\bmod m)$$

和

$$\pi(j)+j\equiv\rho(j)(\bmod n)$$

设 a 是一个与 n 互素的整数,并设 b 是任意的一个整数. 用 π_{ax+b} 表示 Ω_n 的一个置换,它把 j 变成 $aj+b(\bmod n)$. 这样一个置换称为 Ω_n 的一个仿射置换. 如果 $\pi=\pi_{ax+b}$ 是一个仿射置换,那么我们有时候用 $\boldsymbol{P}_{ax+b}$ 来表示 $\boldsymbol{P}_\pi$. 令 Λ_n 是所有 n 阶仿射泛幻置换构成的集. 下面是引理 1 的一个直接推论.

引理 2 设 a 是一个与 n 互素的整数,那么仿射置换 π_{ax+b} 是泛幻的,当且仅当 $a+1$ 和 $a-1$ 也都与 n 互素.

平方引理 1 中的同余式,并对 j 求和,给出下列的结果.

定理 3 存在 n 阶的泛幻置换,当且仅当 $\gcd(n,6)=1$.

这一结果已经足以证明定理 2 的一种情况. 如果 $\gcd(n,6)>1$,那么所有各项都等于 $\frac{1}{n}$ 的泛随机矩阵就不是泛幻置换矩阵的一个凸组合. 所以我们可以不必考虑这种情况.

下一步我们来确定哪些 n 满足 $\Pi_n=\Lambda_n$. 设 $n=5$. 如果 $\pi\in\Pi_5$ 而且 $\pi(0)=b$,那么 $\boldsymbol{P}_\pi$ 第 0 列的第 b 个元必须是 1,这就迫使第 0 列、第 b 行、第 b 条向下的对

角线和第 $n-b$ 条向下的对角线的所有其他元都必须是0. 考虑剩下的8个元,即可表明要么 $\pi=\pi_{2x+b}$,要么 $\pi=\pi_{3x+b}$. 所以每一个 5 阶的泛幻置换都是仿射的: $\pi_5=\Lambda_5$. 类似的论证表明 $\Pi_7=\Lambda_7$ 和 $\Pi_{11}=\Lambda_{11}$. 另一方面 $\Pi_n\neq\Lambda_n$ 只要 $n\geqslant 13$ 而且 $\gcd(n,6)=1$.

事实上,Bruen 和 Dixon 已经就 n 是素数且 $n\geqslant 13$ 构造了 n 阶的非仿射泛幻置换. 只要 n 是合数,$\gcd(n,6)=1$,而且 n 不是无平方因子的,就可以构造出非仿射泛幻置换. 我们构造 Bruen 和 Dixon 例子的一个变形如下,使其可应用于 n 是合数而且 $\gcd(n,6)=1$ 的情形. 设 p 是 n 的一个素因子. 定义 $S=\{k\in\Omega_n\mid k\equiv 0(\bmod p)\}$ 和 $T=\Omega_n\backslash S$. 那么由

$$\pi(x)=\begin{cases}2x,\text{如果 } x\in S\\3x,\text{如果 } x\in T\end{cases}$$

所定义的置换 $\pi:\Omega_n\to\Omega_n$ 就是泛幻而且非仿射的.

3　Kronecker 乘积和圈积

在这一节,我们考虑从已知的泛幻矩阵出发构造新的泛幻矩阵的方法. 设 m 和 n 是正整数,F 是一个域. 假设 $\boldsymbol{A}_0,\cdots,\boldsymbol{A}_{n-1}\in \mathrm{gl}(m,F)$ 和 $\boldsymbol{B}\in \mathrm{gl}(n,F)$. 我们定义一个矩阵 $(A_0,\cdots,A_{n-1})\wr\boldsymbol{B}\in \mathrm{gl}(mn,F)$ 如下:如果 $\boldsymbol{A}_s=[a^s_{i,j}]_{i,j\in\Omega_m}$ 和 $\boldsymbol{B}=[b_{r,s}]_{r,s\in\Omega_n}$,那么对 $i,j\in\Omega_m$,$r,s\in\Omega_n$,$(\boldsymbol{A}_0,\cdots,\boldsymbol{A}_{n-1})\wr\boldsymbol{B}$ 的 $(in+r,jn+s)$ 元是

$$((\boldsymbol{A}_0,\cdots,\boldsymbol{A}_{n-1})\wr\boldsymbol{B})_{in+r,jn+s}=a^s_{i,j}b_{r,s}$$

注意,如果 $\boldsymbol{A}\in \mathrm{gl}(m,F)$,那么,$(\boldsymbol{A},\cdots,\boldsymbol{A})\wr\boldsymbol{B}=\boldsymbol{A}\times\boldsymbol{B}$,

其中$\boldsymbol{A}\times\boldsymbol{B}$是$\boldsymbol{A}$和$\boldsymbol{B}$的Kronecker乘积.

定理4 假设$\boldsymbol{A}_0,\boldsymbol{A}_1,\cdots,\boldsymbol{A}_{n-1}\in \mathrm{Pan}(m,F)$满足$\mu(\boldsymbol{A}_0)=\mu(\boldsymbol{A}_1)=\cdots=\mu(\boldsymbol{A}_{n-1})$,并设$\boldsymbol{B}\in \mathrm{Pan}(n,F)$,那么

$$(\boldsymbol{A}_0,\cdots,\boldsymbol{A}_{n-1})\wr \boldsymbol{B}\in \mathrm{Pan}(mn,F)$$

而且

$$\mu((\boldsymbol{A}_0,\cdots,\boldsymbol{A}_{n-1})\wr \boldsymbol{B})=\mu(A_0)\mu(\boldsymbol{B})$$

推论2 如果$\boldsymbol{A}\in \mathrm{Pan}(m,F)$和$\boldsymbol{B}\in \mathrm{Pan}(n,F)$,那么$\boldsymbol{A}\times\boldsymbol{B}\in \mathrm{Pan}(mn,F)$且$\mu(\boldsymbol{A}\times\boldsymbol{B})=\mu(\boldsymbol{A})\mu(\boldsymbol{B})$.

注意到若$\lambda_0,\cdots,\lambda_{n-1}\in \mathrm{Sym}(\Omega_m)$和$\rho\in \mathrm{Sym}(\Omega_n)$,则$\boldsymbol{P}_\pi=(P_{\lambda_0},\cdots,P_{\lambda_{n-1}})\wr \boldsymbol{P}_\rho$是一个置换矩阵:其相应的置换$\pi\in \mathrm{Sym}(\Omega_{mn})$由

$$\pi(jn+s)=\lambda_s(j)n+\rho(s),j\in\Omega_m,s\in\Omega_n$$

给出. 用$(\lambda_0,\cdots,\lambda_{n-1})\wr p$来表示这一置换$\pi$. 所有这种置换的族是$\mathrm{Sym}(\Omega_{mn})$的一个子群,它同构于圈积$\mathrm{Sym}(\Omega_m)\wr \mathrm{Sym}(\Omega_n)$.

定理5 如果$\lambda_0,\cdots,\lambda_{n-1}\in \mathrm{Sym}(\Omega_m)$和$\rho\in \mathrm{Sym}(\Omega_n)$,那么$(\lambda_0,\cdots,\lambda_{n-1})\wr\rho\in\Pi_{mn}$,当且仅当$\lambda_0,\cdots,\lambda_{n-1}\in\Pi_m$和$\rho\in\Pi_n$.

证明 置$\pi=(\lambda_0,\cdots,\lambda_{n-1})\wr\rho$. 如果$\lambda_0,\cdots,\lambda_{n-1}\in\Pi_m$和$\rho\in\Pi_n$,那么依定理4,$\boldsymbol{P}_\pi=(P_{\lambda_0},\cdots,P_{\lambda_{n-1}})\wr \boldsymbol{P}_\rho\in \mathrm{Pan}(mn,F)$,由此$\pi\in\Pi_{mn}$. 反之,假设$\rho\notin\Pi_n$,由引理1,存在某个$\delta\in\{-1,1\}$使得映射$s\to\rho(s)+\delta s(\mathrm{mod}\ n)$不是从$\Omega_n$到$\Omega_n$的满射. 因此映射

$x \to \pi(x)+\delta(x)\pmod{mn}$ 也不是从 Ω_{mn} 到 Ω_{mn} 的满射,因为 $\pi(jn+s)+\delta(jn+s)\equiv\rho(s)+\delta s\pmod{n}$,因此 $\pi\notin\Pi_{mn}$. 另一方面,假设 $\lambda_s\notin\Pi_m$ 对某一个 $s\in\Omega_n$,那么 $j\to\lambda_s(j)+\delta j\pmod{m}$ 对某个 $\delta\in\{-1,1\}$ 不是单射. 对这样的 s 和 δ,映射 $j\to\pi(jn+s)+\delta(jn+s)\pmod{mn}$ 不是从 Ω_m 到 Ω_{mn} 的单射,因此映射 $x\to\pi(x)+\delta(x)\pmod{mn}$ 不是从 Ω_{mn} 到 Ω_{mn} 的单射. 所以 $\pi\notin\Pi_{mn}$.

对 $\lambda\in\mathrm{Sym}(\Omega_m)$ 和 $\rho\in\mathrm{Sym}(\Omega_n)$,定义 $\lambda\times\rho=(\lambda,\cdots,\lambda)\wr\rho\in\mathrm{Sym}(\Omega_{mn})$. 这样对 $j\in\Omega_m,s\in\Omega_n$,有

$$(\lambda\times\rho)(jn+s)=\lambda(j)n+\rho(s)$$

下列结果是定理 5 的特殊情形.

推论 3　如果 $\lambda\in\mathrm{Sym}(\Omega_m)$ 和 $\rho\in\mathrm{Sym}(\Omega_n)$ 是泛幻的,那么 $\lambda\times\rho$ 是泛幻的.

对 $\boldsymbol{A}=[a_{i,j}]_{i,j\in\Omega_n}\in\mathrm{gl}(n,F)$,定义 $\mathrm{supp}\,\boldsymbol{A}=\{(i,j)\in\Omega_n\times\Omega_n\mid a_{i,j}\neq0\}$. 下一个结果将在引理 4 的证明中用到.

定理 6　假设 $\boldsymbol{A}\in\mathrm{gl}(m,F)$,$\rho\in\mathrm{Sym}(\Omega_n)$,$\pi\in\mathrm{Sym}(\Omega_{mn})$,而且 $\mathrm{supp}\,\boldsymbol{P}_\pi\subseteq\mathrm{supp}(\boldsymbol{A}\times\boldsymbol{P}_\rho)$. 那么存在 $\lambda_0,\cdots,\lambda_{n-1}\in\mathrm{Sym}(\Omega_m)$,使得 $\pi=(\lambda_0,\cdots,\lambda_{n-1})\wr\rho$,且对一切 $s\in\Omega_n$,有 $\mathrm{supp}\,\boldsymbol{P}_{\lambda_s}\subseteq\mathrm{supp}\,\boldsymbol{A}$.

证明　令 $\boldsymbol{A}=[a_{i,j}]_{i,j\in\Omega_m}$. 假设 $i,j\in\Omega_m,r,s\in\Omega_n$ 和 $\pi(jn+s)=in+r$. 这样,$\boldsymbol{P}_\pi$ 的 $(in+r,jn+s)$ 元等于 1,所以 $\boldsymbol{A}\times\boldsymbol{P}_\rho$ 的 $(in+r,jn+s)$ 元是非零的. 因此,$a_{i,j}(\boldsymbol{P}_\rho)_{r,s}\neq0$,从而 $\rho(s)=r$. 这样存在唯一的从 Ω_m 到 Ω_m 的映射 $\lambda_0,\cdots,\lambda_{n-1}$ 使得 $\pi(jn+s)=\lambda_s(j)n+\rho(s)$. 因为 π 是单射,每一个 λ_s 必须是单射,并因此有

$\lambda_0, \cdots, \lambda_{n-1} \in \mathrm{Sym}(\Omega_m)$.

固定$s \in \Omega_m$，并令$\lambda = \lambda_s$. 如果$\boldsymbol{P}_\lambda$的(i,j)元非零，那么$\lambda(j) = i$，因此$\pi(jn + s) = \lambda_s(j)n + \rho(s) = in + \rho(s)$. 这样，$P_\pi$的$(in + \rho(s), jn + s)$元等于1，因此$\boldsymbol{A} \times \boldsymbol{P}_p$的$(in + \rho(s), jn + s)$元是非零的，从而$a_{i,j} \neq 0$. 所以$\mathrm{Supp}\, \boldsymbol{P}_{\lambda_s} \subseteq \mathrm{Supp}\, \boldsymbol{A}$.

4 主要定理的证明

定理1的证明 显然泛幻置换矩阵的任何凸组合是泛随机矩阵. 反之，假设$\boldsymbol{A} \in \mathrm{gl}(5, \mathbf{R})$是泛随机的. 按照紧接着定理3之后的讨论，$\Pi_5 = \Lambda_5 = \{\pi_{2x+c} \mid c \in \Omega_5\} \cup \{\pi_{3x+d} \mid d \in \Omega_5\}$. Thompson 证明了矩阵$\{\boldsymbol{P}_\pi \mid \pi \in \pi_5\}$张成$\mathrm{Pan}(5, \mathbf{R})$. 由此存在实数$\alpha_c$和$\beta_d$，使得

$$\boldsymbol{A} = \sum_{c=0}^{4} \alpha_c P_{2x+c} + \sum_{d=0}^{4} \beta_d P_{3x+d} =$$

$$\begin{pmatrix} \alpha_0 + \beta_0 & \alpha_3 + \beta_2 & \alpha_1 + \beta_4 & \alpha_4 + \beta_1 & \alpha_2 + \beta_3 \\ \alpha_1 + \beta_1 & \alpha_4 + \beta_3 & \alpha_2 + \beta_0 & \alpha_0 + \beta_2 & \alpha_3 + \beta_4 \\ \alpha_2 + \beta_2 & \alpha_0 + \beta_4 & \alpha_3 + \beta_1 & \alpha_1 + \beta_3 & \alpha_4 + \beta_0 \\ \alpha_3 + \beta_3 & \alpha_1 + \beta_0 & \alpha_4 + \beta_2 & \alpha_2 + \beta_4 & \alpha_0 + \beta_1 \\ \alpha_4 + \beta_4 & \alpha_2 + \beta_1 & \alpha_0 + \beta_3 & \alpha_3 + \beta_0 & \alpha_1 + \beta_2 \end{pmatrix} \tag{1}$$

如果将一个行或者列的循环置换应用到一个形如$\boldsymbol{P}_{2x+c}$（对应地，$\boldsymbol{P}_{3x+d}$）的矩阵，其结果是另一个形如$\boldsymbol{P}_{2x+c}$（对应地，$\boldsymbol{P}_{3x+d}$）的矩阵. 因此不失一般性，我们可以假定$\alpha_0 = \min\{\alpha_c\}$和$\beta_0 = \min\{\beta_d\}$. 只因为$\boldsymbol{A}$是泛

随机的，还有 $\alpha_0+\beta_0\geqslant 0$ 和 $\sum_c\alpha_c+\sum_d\beta_d=1$. 如果 α_0 和 β_0 两者都是非负的，那么(1) 把 A 表示成泛幻置换矩阵的一个凸组合. 如果 $\beta_0<0$，那么

$$\boldsymbol{A}=\sum_{c=0}^{4}(\alpha_c+\beta_0)\boldsymbol{P}_{2x+c}+\sum_{d=0}^{4}(\beta_d-\beta_0)\boldsymbol{P}_{3x+d}$$

就是所要求形成的一种表示，如果 $\alpha_0<0$，也可以得到类似的表示.

我们已经在定理2中排除了 $\gcd(n,6)>1$ 这种情况. 证明的余下部分利用下面两个引理.

引理3　如果 $n>1$ 和 $\gcd(n,30)=1$，那么存在某个泛随机的 $n\times n$ 矩阵，它不是泛幻置换矩阵的凸组合.

证明　7×7 矩阵

$$\boldsymbol{A}=\frac{1}{2}\begin{pmatrix}0&0&0&0&1&1&0\\1&0&1&0&0&0&0\\1&0&0&0&0&1&0\\0&0&0&2&0&0&0\\0&1&0&0&0&0&1\\0&0&0&0&1&0&1\\0&1&1&0&0&0&0\end{pmatrix}$$

是泛随机的. 假设 $\pi=\pi_{ax+b}\in\Lambda_7=\Pi_7$，而且 $\operatorname{supp}\boldsymbol{P}_\pi\subseteq\operatorname{supp}\boldsymbol{A}$，那么 $b=\pi(0)\in\{1,2\}$，且 $\pi(3)=3a+b=3$. 如果 $b=1$，那么 $a=3$，因此 $\pi(2)=0$，这与 $\operatorname{supp}\boldsymbol{P}_\pi\subseteq\operatorname{supp}\boldsymbol{A}$ 矛盾. 另一方面，如果 $b=2$，那么 $a=5$，因此 $\pi(1)=0$，同样给出一个矛盾. 这样引理的断言当 $n=7$ 时成立.

证明的余下部分我们假设 $n>7$ 和 $\gcd(n,30)=1$，从而 $n\geqslant 11$. 注意到根据引理2，π_{2x+1} 和 π_{2x-4} 是 n 阶

的仿射泛幻置换. 定义 $\boldsymbol{A}_0=\frac{1}{2}(P_{2x+1}+P_{2x-4})$,那么 $\boldsymbol{A}_0$ 是泛随机的,而且取形状

$$\boldsymbol{A}_0=\frac{1}{2}\begin{pmatrix}0&0&1&0&*&\cdots&*\\1&0&0&0&*&\cdots&*\\0&0&0&1&*&\cdots&*\\0&1&0&0&*&\cdots&*\\*&*&*&*&*&\cdots&*\\\vdots&\vdots&\vdots&\vdots&\vdots&&\vdots\\*&*&*&*&*&\cdots&*\end{pmatrix}$$

考虑除了同在0至3行和0至3列中的元以外都取0值的 $n\times n$ 矩阵

$$\boldsymbol{A}_1=\frac{1}{2}\begin{pmatrix}0&1&-1&0&0&\cdots&0\\-1&0&0&1&0&\cdots&0\\1&0&0&-1&0&\cdots&0\\0&-1&1&0&0&\cdots&0\\0&0&0&0&0&\cdots&0\\\vdots&\vdots&\vdots&\vdots&\vdots&&\vdots\\0&0&0&0&0&\cdots&0\end{pmatrix}$$

注意到 $\boldsymbol{A}_1\in\mathrm{Pan}(n,\mathbf{R})$ 且 $\mu(\boldsymbol{A}_1)=0$. 定义 $\boldsymbol{A}=\boldsymbol{A}_0+\boldsymbol{A}_1$,所以 $\boldsymbol{A}$ 是泛随机的而且有形状

$$\boldsymbol{A}=\frac{1}{2}\begin{pmatrix}0&1&0&0&*&\cdots&*\\0&0&0&1&*&\cdots&*\\1&0&0&0&*&\cdots&*\\0&0&1&0&*&\cdots&*\\*&*&*&*&*&\cdots&*\\\vdots&\vdots&\vdots&\vdots&\vdots&&\vdots\\*&*&*&*&*&\cdots&*\end{pmatrix}$$

假设 $\boldsymbol{A}$ 是泛幻置换矩阵的一个凸组合. 那么存在某个 $\pi \in \Pi_n$,使得

$$\pi(0)=2 \text{ 且 } \operatorname{supp} \boldsymbol{P}_n \subseteq \operatorname{supp} \boldsymbol{A} \tag{2}$$

我们来证明这样一个置换的存在性会导致一个矛盾.

从(2) 可以注意到,我们有

$$\pi(1) \in \{0, n-2\}, \pi(2) \in \{3,5\}, \pi(3) \in \{1,7\} \tag{3}$$

置 $\overline{\Omega}_n = \Omega_n \setminus \{0,1,2,3\}$. 如果 $l \in \overline{\Omega}_n$,那么根据(2),要么 $\pi(l) \equiv 2l+1 \pmod n$, 要么 $\pi(l) \equiv 2l-4 \pmod n$. 定义 $\overline{\Omega}_n$ 的子集 J,K 如下

$$J=\{j \in \overline{\Omega}_n \mid \pi(j) \equiv 2j+1 \pmod n\}$$

$$K=\{k \in \overline{\Omega}_n \mid \pi(k) \equiv 2k-4 \pmod n\}$$

因为 π 是泛幻的,依引理 1,我们有

$$\pi(i)-i \not\equiv \pi(j)-j \pmod n \text{ 只要 } i,j \in \Omega_n \text{ 且 } i \neq j \tag{4}$$

进一步

$$\text{如果 } j \in J \text{ 且 } j<n-5, \text{ 那么 } j+5 \in J \tag{5}$$

事实上,如果 $j \in J$ 和 $j+5 \in K$,那么

$$\begin{aligned}\pi(j)-j \equiv (2j+1)-j \equiv \\ [2(j+5)-4]-(j+5) \equiv \\ \pi(j+5)-(j+5) \pmod n\end{aligned}$$

与(4) 矛盾. 由此推出

$$\text{如果 } k \in K \text{ 且 } k \geqslant 9, \text{ 那么 } k-5 \in K \tag{6}$$

因为 J 和 K 形成 $\overline{\Omega}_n$ 的一个剖分.

下列命题(8) ~ (10) 都从(4) 推出

$$\text{如果 } n-1 \in J, \text{ 那么 } 4 \in J \tag{7}$$

$$\text{如果 } n-4 \in J, \text{ 那么 } n-2 \in K \tag{8}$$

$$\text{如果 } n-3\in J\text{,那么 } 8\in J \tag{9}$$

$$\text{如果 } 7\in K\text{,那么 } 5\in J \tag{10}$$

关于(7),假设 $n-1\in J$ 而且 $4\in K$. 那么 $\pi(n-1)-(n-1)\equiv 0\equiv\pi(4)-4\pmod n$,矛盾. 关于(8),假设 $n-2\in J$ 而且 $n-4\in J$,从 J 的定义我们有

$$\pi(n-2)-(n-2)\equiv n-1\pmod n$$

以及

$$\pi(n-4)-(n-4)\equiv n-3\pmod n$$

但根据(3),要么 $\pi(1)-1\equiv n-1\pmod n$ 要么 $\pi(1)-1\equiv n-3\pmod n$,这也是一个矛盾. (9) 和 (10) 的证明分别利用 $\pi(3)$ 和 $\pi(2)$ 的值,与(8) 的证明类似.

我们有

$$j\in J\text{ 只要 } 4\leqslant j<n \text{ 和 } j\equiv 1\pmod 5 \tag{11}$$

事实上根据(5),只需证明 $6\in J$. 为此,注意到 $\pi(0)-0=2$,因此根据(4),$\pi(6)-6\neq 2$,从而 $6\notin K$.

此外,我们有

$$\frac{n+1}{2}\in K \tag{12}$$

事实上,如果 $\frac{n+1}{2}\in J$,那么 $\pi\left(\frac{n+1}{2}\right)\equiv n+2\equiv 2\equiv\pi(0)\pmod n$,矛盾.

我们按照 n 模 5 的各同余类分别论证来完成引理的证明.

情况 1 $n\equiv 1\pmod 5$. 在这种情况下 $\frac{n+1}{2}\equiv 1\pmod 5$,因此依(11),有 $\frac{n+1}{2}\in J$. 这与(12) 矛盾.

情况 2 $n\equiv 2\pmod 5$. 在这种情况下 $n-1\equiv$

$1(\bmod 5)$,因此依(11),有 $n-1\in J$. 根据(7),$4\in J$,而根据(5),只要 $4\leqslant j<n$ 和 $j\equiv 4(\bmod n)$,就有 $j\in J$. 因为$\frac{n+1}{2}\equiv 4(\bmod 5)$,$\frac{n+1}{2}\in J$,与(12) 矛盾.

情况3　$n\equiv 3(\bmod 5)$. 因为$\frac{n+1}{2}\equiv 2(\bmod 5)$,从(12) 和(6) 推出 $7\in K$,因此 $\pi(7)\equiv 10(\bmod n)$. 但是,如果 $j=\frac{n+9}{2}$,那么 $4\leqslant j<n$ 和 $j\equiv 1(\bmod 5)$,所以根据(11),$j\in J$,并因此 $\pi(j)\equiv 2j+1\equiv 10(\bmod n)$,这是一个矛盾.

情况4　$n\equiv 4(\bmod 5)$. 在这种情况下,$n-3\equiv 1(\bmod 5)$,从而依(11),$n-3\in J$. 因此依(9),$8\in J$,并因此依(5),$n-1\in J$,因为 $n-1\equiv 8(\bmod 5)$. 由此依(7),$4\in J$,并因此根据(5),只要 $4\leqslant j<n$ 和 $j\equiv 4(\bmod 5)$,就有 $i\in J$. 因为 $n-4\equiv 4(\bmod 5)$,我们推得 $n-4\in J$. 根据(8),$n-2\in K$,而且由于 $n-2\equiv 2(\bmod 5)$,根据(6) 我们有 $7\in K$. 依(10),$5\in J$,而且根据(5),只要 $4\leqslant j<n$ 和 $j\equiv 0(\bmod 5)$,就有 $j\in J$. 因为$\frac{n+1}{2}\equiv 0(\bmod 5)$,我们有$\frac{n+1}{2}\in J$,与(12) 矛盾.

在每一种情况下,我们都得到了矛盾.

引理4　假设存在某个 $m\times m$ 泛随机矩阵,它不是泛幻置换矩阵的一个凸组合,又设 n 是一个使得 $\gcd(n,6)=1$ 的正整数. 那么必存在某个 $(mn)\times(mn)$

泛随机矩阵,它也不是泛幻置换矩阵的凸组合.

证明 存在一个 n 阶泛幻置换 ρ,比如说 $\rho = \pi_{2x}$. 在所有那些不是泛幻置换矩阵的凸组合的 $m \times m$ 泛随机矩阵中选取 0 元最多的一个,比如记作 $\boldsymbol{A}$. 那么根据推论 2,矩阵 $\boldsymbol{B} = \boldsymbol{A} \times \boldsymbol{P}_{\rho}$ 是一个 $(mn) \times (mn)$ 泛随机矩阵. 假设 $\boldsymbol{B}$ 是泛幻置换矩阵的一个凸组合. 那么存在某个 mn 阶的泛幻置换 π 使得 $\operatorname{supp} \boldsymbol{P}_{\pi} \subseteq \operatorname{supp} \boldsymbol{B}$. 依定理 6, 存在 $\lambda_0, \cdots, \lambda_{n-1} \in \operatorname{Sym}(\Omega_m)$, 使得 $\pi = (\lambda_0, \cdots, \lambda_{n-1}) \wr \rho$,且对所有 $s \in \Omega_m$,$\operatorname{supp} \boldsymbol{P}_{\lambda_s} \subseteq \operatorname{supp} \boldsymbol{A}$.

那么根据定理 5,$\lambda_0, \cdots, \lambda_{n-1}$ 是泛幻的. 固定某一个 $s \in \Omega_m$,并令 $\lambda = \lambda_s$,那么 $\operatorname{supp} \boldsymbol{P}_{\lambda} \subseteq \operatorname{supp} \boldsymbol{A}$. 定义

$$a = \min\{a_{i,j} \mid \lambda(j) = i\}$$

我们不可能有 $a = 1$,否则 $\boldsymbol{A} = \boldsymbol{P}_{\lambda}$ 是一个泛幻置换矩阵. 所以 $0 < a < 1$,从而,矩阵

$$\boldsymbol{C} = \frac{1}{1-a}\boldsymbol{A} - \frac{a}{1-a}\boldsymbol{P}_{\lambda}$$

是一个其0元个数多于 $\boldsymbol{A}$ 的 $m \times m$ 泛随机矩阵. 根据 $\boldsymbol{A}$ 的选法,$\boldsymbol{C}$ 是泛幻置换矩阵的一个凸组合,并由此推出 $\boldsymbol{A} = a\boldsymbol{P}_{\lambda} + (1-a)\boldsymbol{C}$ 也是泛幻置换矩阵的一个凸组合,因而我们有一个矛盾. 所以 $\boldsymbol{B}$ 不是泛幻置换矩阵的凸组合.

定理 2 的证明 根据引理 3 和引理 4,只需证明存在某个 25×25 的泛随机矩阵,它不是泛幻置换矩阵的凸组合. 下面的矩阵

$\boldsymbol{A} = \frac{1}{2} \times$

$$\begin{pmatrix}
0&1&0&0&0&0&0&0&0&0&0&0&1&0&0&0&0&0&0&0&0&0&0&0&0\\
0&0&0&1&0&0&0&0&0&0&0&1&0&0&0&0&0&0&0&0&0&0&0&0&0\\
1&0&0&0&0&0&0&0&0&0&0&0&0&1&0&0&0&0&0&0&0&0&0&0&0\\
0&0&1&0&0&0&0&0&0&0&0&0&0&0&0&0&0&1&0&0&0&0&0&0&0\\
0&0&0&0&0&0&0&0&0&0&0&0&0&0&1&0&0&0&0&0&1&0&0&0&0\\
0&0&1&0&0&0&0&0&0&0&0&0&0&0&0&0&1&0&0&0&0&0&0&0&0\\
0&0&0&0&0&1&0&0&0&0&0&0&0&0&0&1&0&0&0&0&0&0&0&0&0\\
0&0&0&1&0&0&0&0&0&0&0&0&0&0&0&0&0&0&0&1&0&0&0&0&0\\
0&0&0&0&0&0&0&0&0&0&0&0&0&0&0&1&1&0&0&0&0&0&0&0&0\\
0&0&0&0&1&0&0&1&0&0&0&0&0&0&0&0&0&0&0&0&0&0&0&0&0\\
0&0&0&0&0&0&0&0&0&0&0&0&0&0&0&0&0&1&0&0&0&0&0&1&0\\
0&0&0&0&0&1&0&0&1&0&0&0&0&0&0&0&0&0&0&0&0&0&0&0&0\\
0&0&0&0&0&0&1&0&0&0&0&0&0&0&0&0&0&0&1&0&0&0&0&0&0\\
0&0&0&0&0&0&1&0&0&1&0&0&0&0&0&0&0&0&0&0&0&0&0&0&0\\
0&0&0&0&0&0&0&0&0&0&0&0&0&0&0&0&0&0&1&1&0&0&0&0&0\\
0&0&0&0&0&0&0&1&0&0&0&0&0&0&0&0&0&0&0&0&0&0&0&0&1\\
0&0&0&0&0&0&0&0&0&0&0&0&0&0&0&0&0&0&0&0&1&0&1&0&0\\
1&0&0&0&0&0&0&0&1&0&0&0&0&0&0&0&0&0&0&0&0&0&0&0&0\\
0&0&0&0&0&0&0&0&0&0&0&0&0&1&0&0&0&0&0&0&0&1&0&0&0\\
0&0&0&0&0&0&0&0&0&1&1&0&0&0&0&0&0&0&0&0&0&0&0&0&0\\
0&0&0&0&0&0&0&0&0&0&0&0&0&0&0&0&0&0&0&0&1&0&1&0&0\\
0&0&0&0&0&0&0&0&0&0&1&0&0&0&1&0&0&0&0&0&0&0&0&0&0\\
0&0&0&0&0&0&0&0&0&0&0&0&1&0&0&0&0&0&0&0&0&0&0&1&0\\
0&1&0&0&0&0&0&0&0&0&0&1&0&0&0&0&0&0&0&0&0&0&0&0&0\\
0&0&0&0&1&0&0&0&0&0&0&0&0&0&0&0&0&0&0&0&0&0&0&0&1
\end{pmatrix}$$

就是一个泛随机矩阵;它可以像在引理 3 的证明中那样,通过对关于 π_{2x+1} 和一个非仿射的泛幻置换矩阵取平均,然后调整在 0 至 3 行和 0 至 3 列中的元得到. 假设 $\boldsymbol{A}$ 是泛幻置换矩阵的一个凸组合. 那么存在某个 Ω_{25} 上的泛幻置换 π 使得 $\pi(0)=2$ 和 $\operatorname{supp}\boldsymbol{P}_{\pi}\subseteq\operatorname{supp}A$. 由于 $\pi(0)=2$, 我们不可能有 $\pi(13)=2$, 因此 $\pi(13)=18$. 这样 $\pi(21)\neq 18$,因此 $\pi(21)=4$. 还有,

$\pi(0) \neq 17$,因此 $\pi(8) = 17$. 所以 $\pi(8) + 8 \equiv 0 \equiv \pi(21) + 21 \pmod{25}$. 根据引理 1,$\pi$ 不是泛幻的,并因此得到了一个矛盾.

第二编

范·德·瓦尔登猜想

一道 IMO 试题的多种证法及由来

第 6 章

1984 年在捷克斯洛伐克举行的第 25 届国际数学奥林匹克的第一题是一道条件不等式题. 在后来的 30 年中数学竞赛选手及教练和不等式研究者给出了多种构思巧妙的证法并从多个角度对其进行了推广. 下面我们选择几种典型证法及推广进行一下介绍,在介绍解法之前先了解一个试题是如何命的. 以下是命题者西德的恩格尔教授关于命题的一篇文章的节选:

范·德·瓦尔登(Van der Waerden)**猜想**(布拉格,1984)

设 $\boldsymbol{S}$ 是一个 n 行 n 列的矩阵,元素是 a_{ij}. $\boldsymbol{S}$ 的积和式定义为

$$\operatorname{per}(\boldsymbol{S})=\sum_{\sigma} a_{1\sigma(1)} a_{2\sigma(2)} \cdots a_{n\sigma(n)}$$

求和遍及$(1,2,\cdots,n)$的一切排列 σ. $\boldsymbol{S}$ 称为双随机矩阵,是指它的每一行元素的和,每一列元素的和都等于1.

在1927年,范·德·瓦尔登猜测:对于双随机矩阵 $\boldsymbol{S}$,成立着不等式

$$\operatorname{per}(\boldsymbol{S}) \geqslant \frac{n!}{n^n}$$

等号当且仅当 $a_{ij}=\dfrac{1}{n}$ 时成立,这里 $i,j=1,2,\cdots,n$. 这一猜测直到1984年前不久才被证明. 我原想即使当 $n=3$ 时,结果也不会显然,于是决心对 $n=3$ 来试一试. H. Minc 写过一本叫《积和式》的书,它写在范·德·瓦尔登猜想未被证明之前,书中提到 $n=3$ 时,猜测是解决了,但绝不是显然的.

因此,我是从矩阵

$$\boldsymbol{S}=\begin{pmatrix} a_1 & a_2 & a_3 \\ b_1 & b_2 & b_3 \\ c_1 & c_2 & c_3 \end{pmatrix}$$

开始讨论,由于

$$\begin{aligned} 1 &= (a_1+a_2+a_3)(b_1+b_2+b_3)(c_1+c_2+c_3) = \\ &\quad \operatorname{per}(\boldsymbol{S}) + \text{其余 21 项} \end{aligned}$$

由此我作了大量的运算,最终我得到了下列题目

$$x,y,z \geqslant 0 \text{ 且 } x+y+z=1$$

求证:$0 \leqslant xy+yz+zx-2xyz \leqslant \dfrac{7}{27}$(第25届IMO第1题).

我把这个问题寄到布拉格,并且说明这是对于 $n=3$ 时的范·德·瓦尔登猜想的证明. 后来的事实证明,

这个题目是太容易了,左边那个不等式甚至是已知的.

试题　证明:$0 \leqslant yz + zx + xy - 2xyz \leqslant \frac{7}{27}$,式中 x,y,z 为非负实数,且 $x + y + z = 1$.

证法1　因为 x,y,z 为非负数,$x + y + z = 1$,至少有一个数,比方说 $z \leqslant \frac{1}{2}$. 这样,给定的表达式

$$G = yz + zx + xy - 2xyz = z(x + y) + xy(1 - 2z)$$

的各项为非负,其和必也非负. 对 G 的最小值,x,y 中的某一个需为1,另一个需为0,这样 $G \geqslant 0$.

根据算术平均及几何平均不等式有

$$x + y \geqslant 2\sqrt{xy}$$

故

$$(1 - z)^2 = (x + y)^2 \geqslant 4xy$$

所以

$$G - \frac{7}{27} = z(x + y) + xy(1 - 2z) - \frac{7}{27} \leqslant$$

$$z(1 - z) + \frac{1}{4}(1 - z)^2(1 - 2z) - \frac{7}{27}$$

证法2　不妨假定 $x \geqslant y \geqslant z$,则

$$x \geqslant \frac{1}{3} \geqslant z, x + y \geqslant \frac{2}{3}$$

$$yz + zx + xy - 2xyz \geqslant yz + zx + xy(1 - 2z) \geqslant$$

$$xy\left(1 - \frac{2}{3}\right) = \frac{1}{3}xy \geqslant 0$$

不等式的左边得证,下证不等式的右边.

令 $x + y = \frac{2}{3} + \theta, z = \frac{1}{3} - \theta, 0 \leqslant \theta \leqslant \frac{1}{3}$,则有

$$xy + yz + zx - 2xyz = z(x + y) + xy(1 - 2z) \leqslant$$

$$z(x+y)+\left(\frac{x+y}{2}\right)^2(1-2z)=$$
$$\left(\frac{1}{3}-\theta\right)\left(\frac{2}{3}+\theta\right)+$$
$$\left(\frac{1}{3}+\frac{\theta}{2}\right)^2\left(\frac{1}{3}+2\theta\right)=$$
$$\frac{7}{27}-\frac{\theta^2}{4}+\frac{\theta^3}{2}=$$
$$\frac{7}{27}-\frac{\theta^2}{2}\left(\frac{1}{2}-\theta\right)\leqslant\frac{7}{27}=$$
$$-\frac{(3z-1)^2(6z+1)}{108}\leqslant 0$$

故 $0\leqslant G\leqslant\frac{7}{27}$. 当且仅当 $x=y=z=\frac{1}{3}$ 时,G 取最大值.

证法 3 因为 $x+y+z=1$,由齐次多项式的性质可知,给定的左边不等式等价于

$$(x+y+z)(yz+zx+xy)\geqslant 2xyz$$

其中,$x\geqslant 0,y\geqslant 0,z\geqslant 0$.

这个不等式可以直接从已知的更精确的不等式

$$(x+y+z)\left(\frac{1}{x}+\frac{1}{y}+\frac{1}{z}\right)\geqslant 9 \qquad (1)$$

中推出. 式(1)可以通过对左边的式子应用算术平均及几何平均不等式而推出,且等价于

$$(x+y+z)(yz+zx+xy)\geqslant 9xyz \qquad (2)$$

根据基本对称函数

$$T_1\equiv x+y+z, T_2\equiv yz+zx+xy, T_3\equiv xyz$$

式(2)可化成

$$T_1T_2\geqslant 9T_3$$

给出的右边不等式 $G\leqslant\frac{7}{27}$ 等价于

$$(x+y+z)(yz+zx+xy)-2xyz \leqslant \frac{7}{27}(x+y+z)^3$$

或
$$7T_1^3 \geqslant 27T_1T_2-54T_3$$

已知“最佳”的由 T_1^3, T_1T_2, T_3 构成的线性不等式为

$$T_1^3 \geqslant 4T_1T_2-9T_3 \tag{3}$$

“最佳”指如果有任何具有下列形式的固定不等式

$$T_1^3 \geqslant aT_1T_2-bT_3$$

那么
$$4T_1T_2-9T_3 \geqslant aT_1T_2-bT_3$$

特别地

$$4T_1T_2-9T_3 \geqslant \frac{27}{7}T_1T_2-\frac{54}{7}T_3$$

这就导致 $T_1T_2 \geqslant 9T_3$，得到不等式(1).

为全面起见，我们建立式(3). 经过一些代数运算，式(3) 变成舒尔不等式在 $n=1$ 时的情况

$$x^n(x-y)(x-z)+y^n(y-z)(y-x)+z^n(z-x)(z-y) \geqslant 0 \tag{4}$$

式(4) 中 $n \geqslant 0, x, y, z$ 为任意实数. 在不失一般性的情况下，我们可以假设 $x \geqslant y \geqslant z$. 那么式(4) 的不等性可以从两个明显的不等式中导出，即

$$x^n(x-y)(x-z) \geqslant y^n(x-y)(y-z)$$

及
$$z^n(z-x)(z-y) \geqslant 0$$

注　很多选手在这个问题中运用多变量偏微分方法，这使不少评委感到不安. 应该指出，微积分方法并不在奥林匹克竞赛的书面大纲之内. 尽管偶然的一个竞赛题可以通过微积分求解，但这些问题都可以通过更基本的方法，以更简单的方式求解. 当然，因为许多选手都了解微积分且最优化方法又是一标准方法，学生们可以运用它，尤其当他们在那时还看不出其他

的基本方法时. 但为得满分,选手必须建立各种充分和必要条件.

证法 4 不妨设 $x \geqslant y \geqslant z$. 由于 $x+y+z=1$,所以

$$3z \leqslant x+y+z=1, z \leqslant \frac{1}{3}$$

从而(因为 x,y,z 均非负)

$$2xyz \leqslant \frac{2}{3}xy \leqslant xy$$

于是

$$0 \leqslant yz+zx+xy-2xyz$$

现在来证明题中右边的不等式. 我们有

$$2y \leqslant x+y \leqslant x+y+z=1$$

所以 $y \leqslant \frac{1}{2}$. 又有

$$3x \geqslant x+y+z=1$$

所以 $x \geqslant \frac{1}{3}$,故

$$\begin{aligned} yz+zx+xy-2xyz &= y(z+x)+zx(1-2y) \leqslant \\ & y(z+x)+zx(1-2y)+ \\ & \left(x-\frac{1}{3}\right)\left(\frac{1}{3}-z\right)(1-2y)= \\ & y(z+x)+\frac{1}{3}\left(x+z-\frac{1}{3}\right)(1- \\ & 2y)= \\ & y\left(w+\frac{1}{3}\right)+\frac{1}{3}w(1-2y)= \\ & \frac{1}{3}yw+\frac{1}{3}(y+w) \end{aligned}$$

令
$$w=x+z-\frac{1}{3}$$
显然
$$y+w=y+x+z-\frac{1}{3}=\frac{2}{3}$$
所以
$$yw\leqslant\frac{1}{4}(y+w)^2=\frac{1}{9}$$
从而
$$yz+zx+xy-2xyz\leqslant\frac{1}{3}\times\frac{1}{9}+\frac{1}{3}\times\frac{2}{3}=\frac{7}{27}$$

注　在证右边不等式时，我们采用的是“调整法”。先将 x,z 调整为$\frac{1}{3}$，$w=x+z-\frac{1}{3}$，这时和 $x+z$ 不变，而 $yz+zx+xy-2xyz$ 的值增大。然后再将 y,w 均调整为$\frac{1}{3}$。显然这一不等式在（且仅在）$x=y=z=\frac{1}{3}$ 时，变为等式。

如果用柯西－施瓦兹（Cauchy-Schwarz）不等式，易得
$$\frac{1}{x}+\frac{1}{y}+\frac{1}{z}=\left(\frac{1}{x}+\frac{1}{y}+\frac{1}{z}\right)(x+y+z)\geqslant 9$$
去分母得
$$yz+zx+xy\geqslant 9xyz$$
即
$$yz+zx+xy-9xyz\geqslant 0$$
这比题中左边的不等式强。

证法 5　不妨设
$$x\geqslant y\geqslant z\geqslant 0,x+y+z=1$$
令
$$f(x,y,z)=yz+zx+xy-2xyz=$$

$$(x+z)y+(1-2y)xz$$

由于 $$1-2y=(x-y)+z\geqslant 0$$

易知 $$f(x,y,z)\geqslant 0$$

今证若 $x>z$,则

$$f(x,y,z)<\max_{x+y+z=1}f(x,y,z) \tag{5}$$

由于

$f(x-\varepsilon,y,x+\varepsilon)=$

$(x+z)y+(1-2y)(x-\varepsilon)(z+\varepsilon)=$

$(x+z)y+(1-2y)xz+(1-2y)(x-z-\varepsilon)\varepsilon=$

$f(x,y,z)+(1-2y)(x-z-\varepsilon)\varepsilon$

当 $x>y$ 或 $z>0$ 时

$$1-2y=(x-y)+z>0$$

对足够小的正数 ε(如取 $\varepsilon=\frac{x-z}{2}$)有

$$f(x-\varepsilon,y,z+\varepsilon)>f(x,y,z)$$

当 $x=y$,且 $z=0$ 时,$1-2y=0$,此时有

$$f(x,y,z)=f(\frac{1}{2},\frac{1}{2},0)=f(\frac{1}{2}-\varepsilon,\frac{1}{2},\varepsilon)=$$

$$f(\frac{1}{2},\frac{1}{2}-\varepsilon,\varepsilon)<$$

$$f(\frac{1}{2}-\varepsilon,\frac{1}{2}-\varepsilon,2\varepsilon)$$

所以总有

$$f(x,y,z)<\max_{x+y+z=1}f(x,y,z)$$

由已证的结果(5)可知

$$\max_{x+y+z=1}f(x,y,z)=f(\frac{1}{3},\frac{1}{3},\frac{1}{3})$$

所以

$$0 \leqslant yz + zx + xy - 2xyz \leqslant \frac{7}{27}$$

上述证明方法称为小摄动法，如果所讨论的极值函数及表达约束条件的函数都是变量的对称函数，则极值往往在各变量相等时达到. 对这类问题，上述小摄动法常能奏效.

为了将其从3推广到n，再讨论一下$n=4$的情况.

若x_1, x_2, x_3, x_4是满足$x_1 + x_2 + x_3 + x_4 = 1$的非负数，则

$$0 \leqslant x_1x_2 + x_1x_3 + x_1x_4 + x_2x_3 + x_2x_4 + x_3x_4 - \frac{3}{2}(x_1x_2x_3 + x_1x_2x_4 + x_1x_3x_4 + x_2x_3x_4) \leqslant \frac{9}{32}$$

证明　不妨设$x_1 \geqslant x_2 \geqslant x_3 \geqslant x_4 \geqslant 0$，并令

$$f(x_1, x_2, x_3, x_4) = x_1x_2 + x_1x_3 + x_1x_4 + x_2x_3 + x_2x_4 + x_3x_4 - \frac{3}{2}(x_1x_2x_3 + x_1x_2x_4 + x_1x_3x_4 + x_2x_3x_4)$$

则

$$f(x_1, x_2, x_3, x_4) = x_1x_2\left(1 - \frac{3}{2}(x_3 + x_4)\right) + x_1x_3\left(1 - \frac{3}{2}x_4\right) + x_1x_4 + x_2x_3\left(1 - \frac{3}{2}x_4\right) + x_2x_4 + x_3x_4$$

由

$$1 - \frac{3}{2}(x_3 + x_4)\left(x_1 - \frac{1}{2}(x_3 + x_2)\right) + x_2 \geqslant 0$$

易知

$$f(x_1, x_2, x_3, x_4) \geqslant 0$$

又因

$$f(x_1,x_2,x_3,x_4)=(x_1+x_4)(x_2+x_3)+x_1x_4+x_2x_3-\frac{3}{2}((x_1+x_4)x_2x_3+x_1x_4(x_2+x_3))=(x_1+x_4)(x_2+x_3-\frac{3}{2}x_2x_3)+x_2x_3+x_1x_4(1-\frac{3}{2}(x_2+x_3))$$

若 $x_1>x_4$,用小摄动法,有

$$f(x_1-\varepsilon,x_2,x_3,x_4+\varepsilon)-f(x_1,x_2,x_3,x_4)=((x_1-x_4-\varepsilon)\varepsilon)1-\frac{3}{2}(x_2+x_3)$$

由

$$1-\frac{3}{2}(x_2+x_3)=(x_1-\frac{1}{2}(x_2+x_3))+x_4$$

知,当 $x_1>\frac{1}{2}(x_2+x_3)$ 或 $x_4>0$ 时,对小正数 ε 有

$$f(x_1-\varepsilon,x_2,x_3,x_4+\varepsilon)>f(x_1,x_2,x_3,x_4)$$

而当 $x_1=\frac{1}{2}x_2+x_3$,且 $x_4=0$ 时

$$1-\frac{3}{2}(x_2+x_3)=0$$

此时有

$$f(x_1,x_2,x_3,x_4)=f(\frac{1}{3},\frac{1}{3},\frac{1}{3},0)=f(\frac{1}{3}-\varepsilon,\frac{1}{3},\frac{1}{3},\varepsilon)=f(\frac{1}{3},\frac{1}{3},\frac{1}{3}-\varepsilon,\varepsilon)<f(\frac{1}{3}-\varepsilon,\frac{1}{3},\frac{1}{3}-\varepsilon,2\varepsilon)$$

综上有

$$f(x_1,x_2,x_3,x_4)\leqslant f(\frac{1}{4},\frac{1}{4},\frac{1}{4},\frac{1}{4})$$

所以

$$0\leqslant f(x_1,x_2,x_3,x_4)\leqslant\frac{9}{32}$$

杭州师范学院的赵小云将其推广到 n 变量情形，若 $x_i(i=1,2,\cdots,n)$ 为满足 $x_1+x_2+\cdots+x_n=1$ 的非负数，且设

$$\begin{aligned}f(x_1,x_2,\cdots,x_n)=&x_1x_2+x_1x_3+\cdots+x_1x_n+\\&x_2x_3+\cdots+x_2x_n+\cdots+\\&x_{n-1}x_n-\frac{n-1}{n-2}((x_1x_2x_3+x_1x_2x_4+\cdots+\\&x_1x_2x_n+x_1x_3x_4+\cdots+x_1x_3x_n+\cdots+\\&x_1x_{n-1}x_n)+(x_2x_3x_4+x_2x_3x_5+\cdots+\\&x_2x_3x_n+x_2x_4x_5+\cdots+\\&x_2x_4x_n+\cdots+x_2x_{n-1}x_n)+\cdots+\\&x_{n-2}x_{n-1}x_n)\end{aligned}$$

则有

$$0\leqslant f(x_1,x_2,\cdots,x_n)\leqslant\frac{1}{6}(1-\frac{1}{n})(2+\frac{1}{n})$$

证明　不妨设 $x_1\geqslant x_2\geqslant\cdots\geqslant x_n\geqslant 0$，由于

$$\begin{aligned}&f(x_1,x_2,\cdots,x_n)=\\&x_1x_2(1-\frac{n-1}{n-2}\sum_{j=3}^{n}x_j)+x_1x_3(1-\frac{n-1}{n-2}\sum_{j=4}^{n}x_j)+\cdots+\\&x_1x_{n-1}(1-\frac{n-1}{n-2}x_n)+x_1x_n+\\&x_2x_3(1-\frac{n-1}{n-2}\sum_{j=4}^{n}x_j)+x_2x_4(1-\frac{n-1}{n-2}\sum_{j=5}^{n}x_j)+\cdots+\end{aligned}$$

$$x_2x_{n-1}\left(1-\frac{n-1}{n-2}x_n\right)+x_2x_n+\cdots+$$

$$x_{n-2}x_{n-1}\left(1-\frac{n-1}{n-2}x_n\right)+x_nx_{n-1}$$

由

$$1-\frac{n-1}{n-2}\sum_{j=3}^{n}x_j=\left(x_1-\frac{1}{n-2}\sum_{j=3}^{n}x_j\right)+x_2\geqslant 0$$

等易知

$$f(x_1,x_2,\cdots,x_n)\geqslant 0$$

若 $x_1>x_n$,由于

$$f(x_1,x_2,\cdots,x_n)=(x_1+x_n)\sum_{j=2}^{n-1}x_j+x_1x_n+\frac{1}{2}\sum_{\substack{i,j=2\\ i\neq j}}^{n-1}x_ix_j-\frac{n-1}{n-2}\Big(x_1x_2\sum_{j=2}^{n-1}x_j+\frac{x_1+x_n}{2}\sum_{\substack{i,j=2\\ i\neq j}}^{n-1}x_ix_j+\frac{1}{3}\sum_{\substack{i,j,k=2\\ i\neq j,j\neq k,k\neq i}}^{n-1}x_ix_jx_k\Big)$$

用小摄动法

$$f(x_1-\varepsilon,x_2,\cdots,x_{n-1},x_n+\varepsilon)-f(x_1,x_2,\cdots,x_n)=$$

$$\varepsilon(x_1-x_n-\varepsilon)\left(1-\frac{n-1}{n-2}\sum_{j=2}^{n-1}x_j\right)$$

$$1-\frac{n-1}{n-2}\sum_{j=2}^{n-1}x_j=\left(x_1-\frac{1}{n-2}\sum_{j=2}^{n-1}x_j\right)+x_n$$

当 $x_1>\frac{1}{n-2}\sum_{j=2}^{n-1}x_j$ 或 $x_n>0$ 时

$$1-\frac{n-1}{n-2}\left(1-\sum_{j=2}^{n-1}x_j\right)>0$$

对小正数 ε 有

$$f(x_1-\varepsilon,x_2,\cdots,x_{n-1},x_n+\varepsilon)>f(x_1,\cdots,x_n)$$

当 $x_1=\frac{1}{n-2}\sum_{j=2}^{n-1}x_j$，且 $x_n=0$ 时，有

$$f(x_1,x_2,\cdots,x_n)=f\left(\frac{1}{n-1},\frac{1}{n-1},\cdots,\frac{1}{n-1},0\right)=$$

$$f\left(\frac{1}{n-1}-\varepsilon,\frac{1}{n-1},\cdots,\frac{1}{n-1},\varepsilon\right)=$$

$$f\left(\frac{1}{n-1},\frac{1}{n-1},\cdots,\frac{1}{n-1}-\varepsilon,\varepsilon\right)<$$

$$f\left(\frac{1}{n-1}-\varepsilon,\frac{1}{n-1},\cdots,\frac{1}{n-1},\frac{1}{n-1}-\varepsilon,2\varepsilon\right)$$

所以

$$f(x_1,x_2,\cdots,x_n)\leqslant f\left(\frac{1}{n},\frac{1}{n},\cdots,\frac{1}{n}\right)=$$

$$C_n^2\frac{1}{n^2}-\frac{n-1}{n-2}C_n^3\frac{1}{n^3}=$$

$$\frac{1}{2}(1-\frac{1}{n})-\frac{1}{6}(1-\frac{1}{n})^2=$$

$$\frac{1}{6}(1-\frac{1}{n})(2+\frac{1}{n})$$

证法6 因为

$$\sin^2\alpha+\cos^2\alpha=1,\sin^2\beta+\cos^2\beta=1$$

所以

$$\sin^2\alpha\cdot\cos^2\beta+\cos^2\alpha\cdot\cos^2\beta+\sin^2\beta=1$$

又据题意，不妨设 $z<\frac{1}{2}$，令

$$x=\sin^2\alpha\cdot\cos^2\beta,y=\cos^2\alpha\cdot\cos^2\beta$$
$$z=\sin^2\beta,0^\circ\leqslant\beta<45^\circ$$

则

$$xy+yz+zx-2xyz=xy(1-z)+z(x+y-xy)=\sin^2\alpha\cdot\cos^2\alpha\cdot\cos^6\beta+\sin^2\beta\cdot\cos^2\beta(1-\sin^2\alpha\cdot\cos^2\alpha\cdot\cos^2\beta)\geqslant 0$$

又

$$\begin{aligned}&xy+yz+zx-2xyz=\\&xy(1-2z)+z(y+x)=\\&\sin^2\alpha\cdot\cos^2\alpha\cdot\cos^4\beta\cdot\cos 2\beta+\frac{1}{4}\sin^2 2\beta=\\&\frac{1}{4}\sin^2 2\alpha\cdot\frac{1}{4}(1+\cos 2\beta)^2\cos 2\beta+\frac{1}{4}(1-\cos^2 2\beta)\leqslant\\&\frac{1}{16}(1+\cos 2\beta)^2\cos 2\beta+\frac{1}{4}(1-\cos^2\beta)=\\&\frac{1}{4}+\frac{1}{32}(2\cos 2\beta(1-\cos 2\beta)(1-\cos 2\beta))\leqslant\\&\frac{1}{4}+\frac{1}{32}(\frac{2}{3})^3=\frac{7}{27}\end{aligned}$$

当且仅当 $\beta=30^\circ,\alpha=k\cdot 180^\circ+45^\circ(k\in\mathbf{Z})$ 时,等号成立.

北京联合大学的不等式专家石焕南教授曾探求不等式的概率证法,未能奏效,但发现不等式的如下等价形式

$$0\leqslant(1-x)(1-y)(1-z)-xyz\leqslant\left(1-\frac{1}{3}\right)^3-\left(\frac{1}{3}\right)^3\qquad(6)$$

由此考虑到它的高维推广:

设 $\boldsymbol{x}\in\mathbf{R}_+^n$ 且 $E_1(\boldsymbol{x})=1$,则

$$0\leqslant\prod_{i=1}^{n}(1-x_i)-\prod_{i=1}^{n}x_i\leqslant$$

$$\left(1-\frac{1}{n}\right)^{n}-\left(\frac{1}{n}\right)^{n} \tag{7}$$

并且利用逐步调整法证得上式(文章于1994年发表在《湖南数学通讯》上),进而将式(7)引申至初等对称函数的情形:

设 $\boldsymbol{x}\in\mathbf{R}_{+}^{n}$ 且 $E_1(\boldsymbol{x})=1$,则

$$0\leqslant E_k(1-\boldsymbol{x})-E_k(\boldsymbol{x})\leqslant \mathrm{C}_n^k\left[\left(1-\frac{1}{n}\right)^{k}-\left(\frac{1}{n}\right)^{k}\right] \tag{8}$$

石焕南仍用逐步调整法证得式(8).(1996年在全国第三届初等数学研究学术交流会上交流)进一步又考虑了指数推广并引入参变量,得到

定理1　设 $\boldsymbol{x}\in\mathbf{R}_{+}^{n}$ 且 $E_1(\boldsymbol{x})=1$,则

$$(\mathrm{C}_{n-1}^k)^r\leqslant E_k^r(1-\boldsymbol{x}^\alpha)-\lambda E_k^r(\boldsymbol{x}^\alpha)\leqslant (\mathrm{C}_n^k)^r\left[\left(1-\frac{1}{n^\alpha}\right)^{kr}-\left(\frac{1}{n^\alpha}\right)^{k}\right] \tag{9}$$

其中 $n\geqslant 3,r\geqslant 1,\alpha\geqslant 1,k=2,\cdots,n,0\leqslant\lambda\leqslant\max\{1,(n-1)^{k(r-1)}\}$. 当 $k=1$ 时,式(9)左端换成 $(\mathrm{C}_{n-1}^k)^r-1$.

此定理可参见《北京联合大学学报》(自然科学版)1999,13(2):51-55.此时用逐步调整法证明式(9)失效,现用控制方法证明:

证明　当 $k>n$ 时,规定 $\mathrm{C}_n^k=0$. 记 $\Omega=\{\boldsymbol{x}\mid \boldsymbol{x}\in\mathbf{R}_{+}^{n},E_1(\boldsymbol{x})\leqslant 1\}$,考虑 Ω 上的函数

$$\varphi(\boldsymbol{x})=E_k^r(1-\boldsymbol{x})-\lambda E_k^r(\boldsymbol{x})$$

利用

$$E_k(\boldsymbol{x})=x_1E_{k-1}(x_2,\cdots,x_n)+E_k(x_2,\cdots,x_n) \tag{10}$$

可算得

$$\frac{\partial\varphi(\boldsymbol{x})}{\partial x_1} = -r[E_k^{r-1}(1-\boldsymbol{x})E_{k-1}(1-x_2,\cdots,1-x_n) + \lambda E_k^{r-1}(\boldsymbol{x})E_{k-2}(x_2,\cdots,x_n)] \leqslant 0$$

同理$\frac{\partial\varphi(\boldsymbol{x})}{\partial x_i} \leqslant 0, i=2,\cdots,n$,故 $\varphi(\boldsymbol{x})$ 是 Ω 上的减函数.

利用

$$E_k(\boldsymbol{x}) = x_1x_2E_{k-2}(x_3,\cdots,x_n) + (x_1+x_2)E_{k-1}(x_3,\cdots,x_n) + E_k(x_3,\cdots,x_n) \tag{11}$$

可算得

$$(x_1-x_2)\left(\frac{\partial\varphi(\boldsymbol{x})}{\partial x_1} - \frac{\partial\varphi(\boldsymbol{x})}{\partial x_2}\right) = -r(x_1-x_2)^2 \cdot [E_k^{r-1}(1-\boldsymbol{x})E_{k-1}(1-x_3,\cdots,1-x_n) - \lambda E_k^{r-1}(\boldsymbol{x})E_{k-2}(x_3,\cdots,x_n)]$$

由式(11) 知上式不大于零,故 $\varphi(\boldsymbol{x})$ 是 Ω 上的 S - 凹函数. 又 $\boldsymbol{x}^\alpha$ 当 $\alpha \geqslant 1$ 时是凸函数,$\psi(\boldsymbol{x}) = \varphi(\boldsymbol{x}^\alpha)$ 亦是 Ω 上的 S - 凹函数,从而由

$$\left(\frac{1}{n},\cdots,\frac{1}{n}\right) < (x_1,\cdots,x_n) < (1,0,\cdots,0)$$

有

$$\psi\left(\frac{1}{n},\cdots,\frac{1}{n}\right) \geqslant \psi(x_1,\cdots,x_n) \geqslant \psi(1,0,\cdots,0)$$

即式(9) 成立.

石焕南猜测对于 $E_k(\boldsymbol{x})$ 的对偶式 $E_k^*(\boldsymbol{x})$ 有如下类似的不等式成立:

猜想 1 设 $\boldsymbol{x} \in \mathbf{R}_+^n, n \geqslant 2, E_1(\boldsymbol{x}) \leqslant 1$, 则对于 $k=1,\cdots,n$,有

$$E_k^*(1-\boldsymbol{x}) - E_k^*(\boldsymbol{x}) \leqslant \left[\frac{k(n-1)}{n}\right]^{C_n^k} - \left(\frac{k}{n}\right)^{C_n^k} \tag{12}$$

海宁电大张小明,李世杰于2007年考察了与初等对称函数差有关的S－几何凸性,得到如下结果.

定理2　设$n\geqslant 3,2\leqslant k\leqslant n-1$,则$E_k^2(\boldsymbol{x})-E_{k-1}(\boldsymbol{x})E_{k+1}(\boldsymbol{x})$是$\mathbf{R}_+^n$上的$S$－几何凸函数.

证明　记$\tilde{\boldsymbol{x}}=(x_3,x_4,\cdots,x_n)$,当$n\geqslant 3,k=2$时

$$f(\boldsymbol{x})=E_2^2(\boldsymbol{x})-E_1(\boldsymbol{x})E_3(\boldsymbol{x})=\\ [x_1x_2+(x_1+x_2)E_1(\tilde{\boldsymbol{x}})+E_2(\tilde{\boldsymbol{x}})]^2-\\ E_1(\boldsymbol{x})[(x_1+x_2)E_2(\tilde{\boldsymbol{x}})+x_1x_2E_1(\tilde{\boldsymbol{x}})+E_3(\tilde{\boldsymbol{x}})]$$

故

$$\frac{\partial f(\boldsymbol{x})}{\partial x_1}=2[x_1x_2+(x_1+x_2)E_1(\tilde{\boldsymbol{x}})+E_2(\tilde{\boldsymbol{x}})]\cdot\\ (x_2+E_1(\tilde{\boldsymbol{x}}))-[(x_1+x_2)E_2(\tilde{\boldsymbol{x}})+\\ x_1x_2E_1(\tilde{\boldsymbol{x}})+E_3(\tilde{\boldsymbol{x}})]-\\ E_1(\boldsymbol{x})(E_2(\tilde{\boldsymbol{x}})+x_2E_1(\tilde{\boldsymbol{x}}))$$

$$x_1\frac{\partial f(\boldsymbol{x})}{\partial x_1}=2[x_1x_2+(x_1+x_2)E_1(\tilde{\boldsymbol{x}})+E_2(\tilde{\boldsymbol{x}})]\cdot\\ (x_1x_2+x_1E_1(\tilde{\boldsymbol{x}}))-[(x_1+x_2)E_2(\tilde{\boldsymbol{x}})+\\ x_1x_2E_1(\tilde{\boldsymbol{x}})+E_3(\tilde{\boldsymbol{x}})]x_1-\\ (x_1+x_2+E_1(\tilde{\boldsymbol{x}}))(x_1E_2(\tilde{\boldsymbol{x}})+x_1x_2E_1(\tilde{\boldsymbol{x}}))$$

所以

$$(\ln x_1-\ln x_2)\left(x_1\frac{\partial f}{\partial x_1}-x_2\frac{\partial f}{\partial x_2}\right)=\\ (\ln x_1-\ln x_2)(x_1-x_2)\cdot\\ [x_1x_2E_1(\tilde{\boldsymbol{x}})+(x_1+x_2)(2E_1^2(\tilde{\boldsymbol{x}})-\\ 2E_2(\tilde{\boldsymbol{x}}))+E_2(\tilde{\boldsymbol{x}})E_1(\tilde{\boldsymbol{x}})-E_3(\tilde{\boldsymbol{x}})]$$

由$E_1^2(\tilde{\boldsymbol{x}})\geqslant E_2(\tilde{\boldsymbol{x}})$和$E_1(\tilde{\boldsymbol{x}})E_2(\tilde{\boldsymbol{x}})\geqslant E_3(\tilde{\boldsymbol{x}})$知

$$(\ln x_1-\ln x_2)\left(x_1\frac{\partial f}{\partial x_1}-x_2\frac{\partial f}{\partial x_2}\right)\geqslant 0$$

故对于$n\geqslant 3,k=2$,定理1为真.

当 $k \geqslant 3$ 时(此时 $n \geqslant 4$)

$$\begin{aligned}\frac{\partial f}{\partial x_1} = 2E_k(\boldsymbol{x})E_{k-1}(x_2,\cdots,x_n) - \\ E_{k-2}(x_2,\cdots,x_n)E_{k+1}(\boldsymbol{x}) - \\ E_{k-1}(\boldsymbol{x})E_k(x_2,\cdots,x_n)\end{aligned}$$

$$\begin{aligned}x_1\frac{\partial f}{\partial x_1} = 2x_1E_k(\boldsymbol{x})E_{k-1}(x_2,\cdots,x_n) - \\ x_1E_{k-2}(x_2,\cdots,x_n)E_{k+1}(\boldsymbol{x}) - \\ x_1E_{k-1}(\boldsymbol{x})E_k(x_2,\cdots,x_n)\end{aligned}$$

$$\begin{aligned}x_2\frac{\partial f}{\partial x_2} = 2x_2E_k(\boldsymbol{x})E_{k-1}(x_2,\cdots,x_n) - \\ x_2E_{k-2}(x_2,\cdots,x_n)E_{k+1}(\boldsymbol{x}) - \\ x_2E_{k-1}(\boldsymbol{x})E_k(x_2,\cdots,x_n)\end{aligned}$$

所以

$$\begin{aligned}(\ln x_1 - \ln x_2)\left(x_1\frac{\partial f}{\partial x_1} - x_2\frac{\partial f}{\partial x_2}\right) = \\ (\ln x_1 - \ln x_2)(x_1 - x_2)\cdot h(\boldsymbol{x}) \qquad (13)\end{aligned}$$

其中

$$\begin{aligned}h(\boldsymbol{x}) = {} & 2E_k(\boldsymbol{x})E_{k-1}(\tilde{\boldsymbol{x}}) - E_{k-2}(\tilde{\boldsymbol{x}})E_{k+1}(\tilde{\boldsymbol{x}}) - \\ & E_{k-1}(\boldsymbol{x})E_k(\tilde{\boldsymbol{x}}) = \\ & 2[(x_1 + x_2)E_{k-1}(\tilde{\boldsymbol{x}}) + \\ & x_1x_2E_{k-2}(\tilde{\boldsymbol{x}})]E_{k-1}(\tilde{\boldsymbol{x}}) - E_{k-2}(\tilde{\boldsymbol{x}})\cdot \\ & [(x_1 + x_2)E_k(\tilde{\boldsymbol{x}}) + x_1x_2E_{k-1}(\tilde{\boldsymbol{x}})] - \\ & [(x_1 + x_2)E_{k-2}(\tilde{\boldsymbol{x}}) + x_1x_2E_{k-3}(\tilde{\boldsymbol{x}})]E_k(\tilde{\boldsymbol{x}}) = \\ & x_1x_2(E_{k-2}(\tilde{\boldsymbol{x}})E_{k-1}(\tilde{\boldsymbol{x}}) - E_{k-3}(\tilde{\boldsymbol{x}})E_k(\tilde{\boldsymbol{x}})) + \\ & 2(x_1 + x_2)(E_{k-1}^2(\tilde{\boldsymbol{x}}) - E_{k-2}(\tilde{\boldsymbol{x}})E_k(\tilde{\boldsymbol{x}})) \qquad (14)\end{aligned}$$

又可知,$\{E_k(\tilde{\boldsymbol{x}}) \mid 1 \leqslant k \leqslant n - 2\}$ 为对 9 凹数列,得

$$E_{k-2}(\tilde{\boldsymbol{x}})E_{k-1}(\tilde{\boldsymbol{x}}) - E_{k-3}(\tilde{\boldsymbol{x}})E_k(\tilde{\boldsymbol{x}}) \geqslant 0$$

再据式(13),式(14)知

$$(\ln x_1 - \ln x_2)\left(x_1\frac{\partial f}{\partial x_1} - x_2\frac{\partial f}{\partial x_2}\right) \geqslant 0$$

故对于 $k \geqslant 3$,定理 1 也为真. 定理 1 证毕.

定理3　设 $n \geqslant 3, 2 \leqslant k \leqslant n-1, G(\boldsymbol{x}) = \sqrt[n]{\prod_{i=1}^{n} x_i}$,则

$$g(\boldsymbol{x}) = E_k^2(\boldsymbol{x}) - E_{k-1}(\boldsymbol{x})E_{k+1}(\boldsymbol{x}) - [(\mathrm{C}_n^k)^2 - \mathrm{C}_n^{k-1}\mathrm{C}_n^{k+1}]G^{2k}(\boldsymbol{x})$$

是 $\mathbf{R}_+^n$ 上的 S - 几何凸函数.

证明　其实我们不难证明

$$(\ln x_1 - \ln x_2)(x_1 g'_1 - x_2 g'_2) = (\ln x_1 - \ln x_2)(x_1 f'_1 - x_2 f'_2)$$

其中 f 如定理 2 所设. 此时不难知定理 3 为真.

推论1　设 $G(\boldsymbol{x}) = \sqrt[n]{\prod_{i=1}^{n} x_i}$,则

$$E_x^2(\boldsymbol{x}) - E_{k-1}(\boldsymbol{x}) \cdot E_{k+1}(\boldsymbol{x}) \geqslant [(\mathrm{C}_n^k)^2 - \mathrm{C}_n^{k-1}\mathrm{C}_n^{k+1}] \cdot G^{2k}(\boldsymbol{x}) \tag{15}$$

证明　根据 $(\ln G(\boldsymbol{x}), \cdots, \ln G(\boldsymbol{x})) < (\ln x_1, \cdots, \ln x_n)$ 和定理 3 知

$$f(G(\boldsymbol{x}), \cdots, G(\boldsymbol{x})) \leqslant f(x_1, \cdots, x_n)$$

即式(15)成立.

与定理 3 的证明相仿,可证得

定理4　当 $1 \leqslant k \leqslant \frac{n-1}{2}$ 时,$B_k^2(\boldsymbol{x}) - B_{k-1}(\boldsymbol{x})B_{k+1}(\boldsymbol{x})$ 是 $\mathbf{R}_+^n$ 上的 S - 几何凸函数.

注　2010 年 11 月 23 日,张小明来信讲,发现 $E_k^2(\boldsymbol{x}) - E_{k-1}(\boldsymbol{x})E_{k+1}(\boldsymbol{x})$ 和 $B_k^2(\boldsymbol{x}) - B_{k-1}(\boldsymbol{x})B_{k+1}(\boldsymbol{x})$ 在 $\mathbf{R}_+^n$ 上的 S - 凸性,S - 调和凸性均不确定.

定理5　设 $n=2$ 或 $n\geqslant 3$，则对于 $2\leqslant k-1<k\leqslant n$，$P_{k-1}(\boldsymbol{x})-P_k(\boldsymbol{x})$ 是 S－几何凸函数.

前几个结果发表在《四川师范大学学报》上. 最后一个发表在《Pure and Appl Muth》上.

南开大学数学系李成章教授在《中学数学竞赛专题讲座》(续一)中给出了另一个证法.

证法7　因为

$$xy\geqslant xyz,yz\geqslant xyz,zx\geqslant xyz$$

所以第一个不等式成立.

为证第二个不等式，让我们来求函数

$$f(x,y,z)=yz+zx+xy-2xyz$$

在闭集 $x\geqslant 0,y\geqslant 0,z\geqslant 0,x+y+z=1$ 上的最大值. 先设 z 固定，于是 $x+y=1-z$ 也为定值，问题化为求函数

$$g_z(x,y)=xy-2xyz=xy(1-2z)$$

的最大值. 容易看出，当 $z\leqslant\frac{1}{2}$ 时，函数 g_z 于 $x=y$ 时取最大值，特别当 $z<\frac{1}{2}$ 时，g_z 仅当 $x=y$ 时取最大值.

由对称性，不妨设 $x\geqslant y\geqslant z$. 若 x,y,z 不全相等，必为下列情形之一：

(i) $x>y>z$；

(ii) $x>y=z$；

(iii) $x=y>z>0$；

(iv) $x=y=\frac{1}{2},z=0$.

由前段论证可知，在(i)和(ii)两种情形下，f 不可能取得最大值. 在第(iii)种情形下，$y\neq z,x<\frac{1}{2}$，亦

不能取得最大值. 在(iv)之下,我们有

$$f\left(\frac{1}{2},\frac{1}{2},0\right)=f\left(\frac{1}{2},\frac{1}{4},\frac{1}{4}\right)<$$
$$f\left(\frac{3}{8},\frac{3}{8},\frac{1}{4}\right)$$

即 $f\left(\frac{1}{2},\frac{1}{2},0\right)$ 不是最大值. 可见当 $x=y=z$ 时,f 取最大值,这时

$$f\left(\frac{1}{3},\frac{1}{3},\frac{1}{3}\right)=\frac{7}{27}$$

这就完成了第二个不等式的证明.

湖南省娄底师专的杨克昌对此题又进行了进一步的研究,他发现:

把这道题中 xyz 项的系数 -2 改为 -3,即成为北京大学招生办与《中学生数理化》联合举办的 1991 年数学通讯赛的第 6 题:

x,y,z 为非负数,且 $x+y+z=1$,证明:$yz+zx+xy-3xyz$ 的取值范围.

这一系数的变更很精巧,也很有启发性,考虑把函数式中 xyz 项的系数一般化为实数 λ,相应函数的取值范围如何确定呢? 这是一个有趣的,也容易出错的问题. 对这一拓展,我们得到:

定理　设 x,y,z 均为非负数,且满足 $x+y+z=1$,λ 为实数,对于函数

$$f=xy+yz+zx+\lambda xyz$$

若 $\lambda<-9$,则

$$\frac{\lambda+9}{27}\leqslant f\leqslant\frac{1}{4}$$

若 $-9\leqslant\lambda<-\frac{9}{4}$,则

$$0 \leqslant f \leqslant \frac{1}{4}$$

若 $\lambda \geqslant -\frac{9}{4}$,则

$$0 \leqslant f \leqslant \frac{\lambda + 9}{27}$$

证明　首先证 f 的下限值,因

$$\begin{aligned} f = & xy + yz + zx + \lambda xyz = \\ & (x + y + z)(xy + yz + zx) + \lambda xyz = \\ & x^2y + x^2z + y^2z + y^2x + z^2x + z^2y + (\lambda + 3)xyz \end{aligned}$$

由平均值不等式有

$$x^2y + x^2z + y^2z + y^2x + z^2x + z^2y \geqslant 6xyz$$

则

$$f \geqslant (\lambda + 9)xyz$$

(1) 当 $\lambda \geqslant -9$ 时,$\lambda + 9 \geqslant 0$,注意到 $xyz \geqslant 0$,于是得 $f \geqslant 0$.

式中等号成立当且仅当 x,y,z 中有两个为零或 $x = y = z = \frac{1}{3}$ 且 $\lambda = -9$.

(2) 当 $\lambda < -9$ 时,$\lambda + 9 < 0$,注意到 $xyz \leqslant \left(\frac{x + y + z}{3}\right)^3 = \frac{1}{27}$. 则

$$(\lambda + 9)xyz \geqslant \frac{\lambda + 9}{27}$$

即
$$f \geqslant \frac{\lambda + 9}{27}$$

当且仅当 $x = y = z = \frac{1}{3}$ 时式中等号成立.

然后证 f 的上限值.

（1）当 $\lambda \geqslant -\frac{9}{4}$ 时，不妨设 $x \geqslant y \geqslant z$，则 $z \leqslant \frac{1}{3}$.

令 $z=\frac{1}{3}-\delta, x+y=\frac{2}{3}+\delta$，这里 $0 \leqslant \delta \leqslant \frac{1}{3}$.

注意到
$$1+\lambda z \geqslant 0$$
及
$$3+\lambda(1+\delta) \geqslant 0$$
当且仅当 $\lambda=-\frac{9}{4}, \delta=\frac{1}{3}$ 时等号成立，于是

$$\begin{aligned}
f=&xy+yz+zx+\lambda xyz= \\
&(x+y)z+xy(1+\lambda z) \leqslant \\
&(x+y)z+\left(\frac{x+y}{2}\right)^2(1+\lambda z)= \\
&\left(\frac{2}{3}+\delta\right)\left(\frac{1}{3}-\delta\right)+\left(\frac{1}{3}+\frac{\delta}{2}\right)^2\left(1+\frac{\lambda}{3}-\lambda\delta\right)= \\
&\frac{9+\lambda}{27}-\frac{\delta^2}{4}(3+\lambda+\lambda\delta) \leqslant \\
&\frac{9+\lambda}{27}
\end{aligned}$$

即得
$$f \leqslant \frac{9+\lambda}{27}$$

上式等号成立当且仅当 $x=y=z=\frac{1}{3}$ 或 $\lambda=-\frac{9}{4}$，x, y, z 中一个为零，另两个各为 $\frac{1}{2}$.

（2）当 $\lambda<-\frac{9}{4}$ 时，因 $xyz \geqslant 0$，则

$$\lambda xyz \leqslant -\frac{9}{4}xyz$$

$$f=xy+yz+zx+\lambda xyz \leqslant xy+yz+zx-\frac{9}{4}xyz$$

同时,由以上(1)中取 $\lambda=-\frac{9}{4}$ 得

$$xy+yz+zx-\frac{9}{4}xyz\leqslant\frac{1}{4}$$

于是得

$$f\leqslant\frac{1}{4}$$

式中等号成立当且仅当 x,y,z 中一个为零,另两个各为$\frac{1}{2}$.

综上,定理得证. 显见,上述 IMO 竞赛题为 $\lambda=-2$ 的特例.

由定理取 $\lambda=-3$,即得

$$0\leqslant xy+yz+zx-3xyz\leqslant\frac{1}{4}$$

这就是上述数学通讯赛题的答案.

例 1 取 $\lambda=-10$,由定理得:x,y,z 为非负数,$x+y+z=1$,则

$$-\frac{1}{27}\leqslant yz+zx+xy-10xyz\leqslant\frac{1}{4}$$

例 2 设 x,y,z 为非负数,满足条件 $x+y+z=2$,求证

$$0\leqslant xy+yz+zx-2xyz\leqslant 1$$

证明 显然$\frac{x}{2},\frac{y}{2},\frac{z}{2}$ 满足定理条件,由定理取 $\lambda=-4$,得

$$0\leqslant\frac{x}{2}\cdot\frac{y}{2}+\frac{y}{2}\cdot\frac{z}{2}+\frac{z}{2}\cdot\frac{x}{2}-4\cdot\frac{x}{2}\cdot\frac{y}{2}\cdot\frac{z}{2}\leqslant\frac{1}{4}$$

即

$$0\leqslant xy+yz+zx-2xyz\leqslant 1$$

就一道 IMO 试题来说能有如此多的证法和如此

多个角度的推广与加强，使我们不能不关心此试题的背景.

这道试题是由联邦德国的数学奥林匹克领队 A·恩格尔命的. 由前文据他著文讲这个试题是他在推导组合数学中的范·德·瓦尔登猜想时，得到的副产品，而范·德·瓦尔登猜想在 20 世纪被出乎意料的证明，颇具戏剧性，后面我们将借美国数学家 Henryk Minc 为美国海军研究办公室资助的一项工作来介绍范·德·瓦尔登的积和式猜想的证明.

H. Minc 教授早年就读于苏格兰爱丁堡大学，并获得博士学位，曾在美国加州大学圣巴巴拉分校任教授，他在线性代数及矩阵领域建树颇多，发表论著多部，论文 100 余篇. 在国际上很有影响.

1987 年他将在位于加州大学圣巴巴拉分校和位于海法的以色列理工学院讲授关于非负矩阵的课程讲义写成一本书. 我们在编译时参考了杨尚骏、卢业广、杜吉佩的译文.

第7章 非负矩阵的结构性质

1 (0,1) - 矩阵,积和式

我们的注意现在转向仅依据零型而定的非负矩阵的那些性质. 从这一观点来看,非负矩阵本质上是由两种类型的元素组成的长方阵列. 在大多数组合的应用中,特别是当为了计算目的而应用积和式函数或别的一些组合矩阵函数时,用0和1来代表这两类元素是方便的. 其每类元素不是0就是1的矩阵称为(0,1) - 矩阵.

设 $S_1,\cdots,S_m$ 是 n 元集 $S=\{x_1,\cdots,x_n\}$ 的一些子集(不必相异). 令 $\boldsymbol{A}=(a_{ij})$ 是 $m\times n$ 的(0,1) - 矩阵,其元素

定义为 $a_{ij}=1$，当 $x_j\in S_i$；$a_{ij}=0$，当 $x_j\in S_i$. 矩阵 $\boldsymbol{A}$ 称为子集组态 $S_1,\cdots,S_m$ 的关联矩阵. 一旦 x_j 及 S_i 排定了顺序. 关联矩阵就由组态唯一确定，反之也一样.

关联矩阵的定义也可专门用于表示关系，函数，图、集的交等等.

定义1　设 $S_1,\cdots,S_m$ 是 n 元集 S 的子集. 如果 $s_i\in S_i(i=1,\cdots,m)$，则称 S 的 m 个相异元素的序列 $(s_1,\cdots,s_m)$ 组成组态 $S_1,\cdots,S_m$ 的不同表示序列.（简记为 SDR）

子集的组态或许有或许没有 SDR. 确定已知组态有没有和有多少个 SDR 的问题在组合学中有相当的兴趣.

例1　(1)4 元集 $X=\{x_1,x_2,x_3,x_4\}$ 的子集 $X_1=\{x_1,x_2\},X_2=\{x_2,x_3,x_4\},X_3=\{x_1,x_3\},X_4=\{x_1,x_3,x_4\}$ 的组态有4个SDR：$(x_1,x_3,x_2,x_4),(x_1,x_4,x_2,x_3),(x_3,x_2,x_1,x_4),(x_3,x_4,x_2,x_1)$.

(2)5 元集 $S=\{s_1,s_2,s_3,s_4,s_5\}$ 的四个子集，$S_1=S_3=S_4=\{s_2,s_4\},S_2=S$ 的组态没有 SDR. 因为 $S_1\cup S_3\cup S_4$ 仅含有两个元素，故子集 S_1,S_3 和 S_4 不能用三个不同的元素表示.

对已知子集组态的 SDR 确定其存在计算其个数问题可方便地用关联矩阵来分析.

设 $\boldsymbol{A}=(a_{ij})$ 是 n 元集 $\{x_1,\cdots,x_n\}$ 的子集 $S_1,\cdots,S_m$ 的关联矩阵. 如果组态有 SDR，显然，$m\leqslant n$，且存在一个 $1-1$ 对应 $\sigma:\{1,\cdots,m\}\to\{1,\cdots,n\}$ 使得

$$x\sigma_{(i)}\in S_i,i=1,\cdots,n$$

由关联矩阵的定义得

$$a_i\sigma_{(i)}=1,i=1,\cdots,m$$

因此,组态有SDR当且仅当存在一个1 - 1对应σ使得

$$\prod_{j=1}^{m} a_i\sigma_{(j)} = 1 \tag{1}$$

SDR 的数目与使式(1) 成立的不同的1 - 1 对应σ 的数目相等. 也就是等于

$$\sum_{\sigma} \prod_{i=1}^{m} a_i\sigma_{(i)} \tag{2}$$

其中求和是对从$\{1,\cdots,m\}$ 到$\{1,\cdots,n\}$ 的一切1 - 1对应进行.

定义2 设$\boldsymbol{A} = (a_{ij})$ 是元素为复数或实数的$m \times n$ 矩阵,$m \leqslant n$,$\boldsymbol{A}$ 的积和式定义为

$$\mathrm{Per}(\boldsymbol{A}) = \sum_{\sigma} \prod_{i=1}^{m} a_i\sigma(i) \tag{3}$$

这里与式(2) 中一样,对一切1 - 1 对应σ 进行求和. $m =n$ 的特殊情形是尤为重要的. 在这种情况下,我们用per($\boldsymbol{A}$),代替Per($\boldsymbol{A}$),这样一来,如果$\boldsymbol{A} = (a_{ij})$ 是n阶方阵,则

$$\mathrm{per}(\boldsymbol{A}) = \sum_{\sigma} \prod_{i=1}^{n} a_i\sigma_{(i)} \tag{4}$$

关于子集组态的 SDR 存在性及 SDR 数目的结论可用积和式的术语重新描述如下:组态有 SDR 当且仅当它的关联矩阵有正积和式. 一个组态的 SDR 数目等于它的关联矩阵的积和式.

方阵的行列式函数与积和式函数定义的相似性是相当明显的. 事实上,积和式具有的某些性质与行列式的类似.

定理1 设$\boldsymbol{A}$ 是$m \times n$ 矩阵,$m \leqslant n$.

(1)$\boldsymbol{A}$ 的积和式是$\boldsymbol{A}$ 的行的多重线性函数.

(2) 如果$m = n$,则$\mathrm{per}(\boldsymbol{A}^{\mathrm{T}}) = \mathrm{per}(\boldsymbol{A})$.

(3) 如果 $\boldsymbol{P}$ 和 $\boldsymbol{Q}$ 分别是 $m\times m$ 和 $n\times n$ 置换矩阵，则

$$\mathrm{Per}(\boldsymbol{PAQ})=\mathrm{Per}(\boldsymbol{A})$$

(4) 如果 $\boldsymbol{D}$ 和 $\boldsymbol{G}$ 分别是 $m\times m$ 和 $n\times n$ 对角矩阵，则

$$\mathrm{Per}(\boldsymbol{DAG})=\mathrm{per}(\boldsymbol{D})\mathrm{Per}(\boldsymbol{A})\mathrm{per}(\boldsymbol{G})$$

这些性质都是积和式定义的直接推论.

下一定理类似于行列式的 Laplace 展开定理.

定理 2　设 $\boldsymbol{A}=(a_{ij})$ 是 $m\times n$ 矩阵，$m\leqslant n$，且 α 是 $Q_{r,m}$ 中的序列，则对于 $r<m$

$$\mathrm{Per}(\boldsymbol{A})=\sum_{\omega\in Q_{rn}}\mathrm{Per}(\boldsymbol{A}(\alpha\mid\omega))\mathrm{Per}(\boldsymbol{A}(\alpha\mid\omega))\quad(5)$$

特别地，对任意的 i，$1\leqslant i\leqslant m$

$$\mathrm{Per}(\boldsymbol{A})=\sum_{t=1}^{n}a_{it}\mathrm{Per}(\boldsymbol{A}(i\mid t))\quad(6)$$

当 $m=n$ 时，成立按列展开的类似公式.

证明　考虑 $\boldsymbol{A}$ 的元素为不定元. 对于特定的 $\omega\in Q_{rn}$；$\boldsymbol{A}(\alpha\mid\omega)$ 的积和式是 $r!$ 个对角线乘积的和，$\boldsymbol{A}(\alpha\mid\omega)$ 的积和式是 $\binom{n-r}{m-r}(m-r)!$ 个对角线乘积的和. $\boldsymbol{A}(\alpha\mid\omega)$ 的对角线积乘以 $\boldsymbol{A}(\alpha\mid\omega)$ 的对角线积是 $\boldsymbol{A}$ 的对角线积. 于是，对于固定的 ω，$\mathrm{Per}(\boldsymbol{A}(\alpha\mid\omega))\mathrm{Per}(\boldsymbol{A}(\alpha\mid\omega))$ 是 $\boldsymbol{A}$ 的 $r!\binom{n-r}{m-r}(m-r)!$ 个相异对角线积的和. 此外，对于不同的序列 ω，得到不同的对角线积. 现在注意在 Q_{rn} 中有 $\binom{n}{r}$ 个序列，因此. 式 (5) 的右边是

$$\binom{n}{r} r! \binom{n-r}{m-r} (m-r)! = \binom{n}{m} m!$$

个这样的对角线积的和,即$\boldsymbol{A}$的所有对角线的和,从而与有 Per($\boldsymbol{A}$) 相等.

对于积和式的更广泛研究见专题论文[24].

2 Frobenius-Kŏnig 定理

关于矩阵零型的基本结果是所谓 Frobenius - Kŏnig 定理,它首先由 Frobenius 获得[8]. 1915 年 Kŏnig 用图论的方法给出了定理的初等证明[15]. 1917 年 Frobenius 用初等的方法再次给出定理的证明[9]. Frobenius 和 Kŏnig 关于他们对这个结果的贡献大小问题,曾展开了激烈的争论(见[16]). 我们不打算对这个问题做任何判决,而宁愿把这个结果(下面的定理 3) 就叫做 Frobenius-Kŏnig 定理.

Frobenius-Kŏnig 定理告诉我们对"$n\times n$ 矩阵行列式的展开式的项"每个都为零的必要充分条件是该矩阵含有 $s\times t$ 零子矩阵, $s+t=n+1$. 我们对积和式的项重述此定理并把它推广到长方形矩阵法.

定理3 $m\times n$ 非负矩阵($m\leqslant n$) 的积和式为零当且仅当该矩阵含有 $s\times t$ 零子矩阵, $s+t=n+1$.

证明 设$\boldsymbol{A}$是$m\times n$矩阵, $m\leqslant n$,假设$\boldsymbol{A}(\alpha\mid\beta)=0$, $\alpha\in Q_{sm}$, $\beta\in Q_{tn}$ 且 $s+t=n+1$. 则子矩阵 $\boldsymbol{A}(\alpha\mid 1,\cdots,n)$ 至多含有 $n-t=s-1$ 个非零列,从而,每个 $s\times s$ 子矩阵 $\boldsymbol{A}(\alpha\mid\omega)$ $\omega\in Q_{sn}$ 有零列. 换言之,对每个 $\omega\in Q_{sn}$ 有 $\mathrm{Per}(\boldsymbol{A}(\alpha\mid\omega))=0$. 如果 $s=m$,则结论显然成立. 如果 $s<m$,则由定理 2 得

$$\mathrm{Per}(\boldsymbol{A})=\sum_{\omega\in Q_{sn}}\mathrm{Per}(\boldsymbol{A}(\alpha\mid\omega))$$

$$\mathrm{Per}(\boldsymbol{A}(\alpha\mid\omega))=0$$

反之,假设 $\boldsymbol{A}=(a_{ij})$ 是 $m\times n$ 矩阵,$m\leqslant n$,且 $\mathrm{Per}(\boldsymbol{A})=0$,我们对 m 用归纳法. 若 $m=1$,则 $\boldsymbol{A}$ 必是零矩阵,假设 $m>1$,且对所有行数小于 m 的其上定义积和式的矩阵定理成立. 如果 $\boldsymbol{A}=\boldsymbol{0}$,则没有什么可证的. 如若不然,$\boldsymbol{A}$ 含有一个非零元素 a_{hk},但是由于 $0=\mathrm{Per}(\boldsymbol{A})\geqslant a_{hk}\times\mathrm{Per}(\boldsymbol{A}(h\mid k))$,应用 $\mathrm{Per}(\boldsymbol{A}(h\mid k))=0$. 按归纳假设,子矩阵 $\boldsymbol{A}(h\mid k)$ 含有 $p\times q$ 零子矩阵,$p+q=n$. 设 $\boldsymbol{P}$ 和 $\boldsymbol{Q}$ 是置换矩阵,使得

$$\boldsymbol{PAQ}=\begin{pmatrix}\boldsymbol{X}&\boldsymbol{Y}\\\boldsymbol{O}&\boldsymbol{Z}\end{pmatrix}$$

其中 $\boldsymbol{X}$ 是 $(m-p)\times q$,$\boldsymbol{Z}$ 是 $p\times p$. 显然 $m-p\leqslant q$,从而

$$0=\mathrm{Per}(\boldsymbol{A})=\mathrm{Per}(\boldsymbol{PAQ})\geqslant\mathrm{Per}(\boldsymbol{X})\mathrm{per}(\boldsymbol{Z})$$

因此,或 $\mathrm{Per}(\boldsymbol{X})=0$ 或 $\mathrm{per}(\boldsymbol{Z})=0$. 如果 $\mathrm{Per}(\boldsymbol{X})=0$,则再用归纳假设,可以推得 $\boldsymbol{X}$ 含有 $u\times v$ 零子矩阵 $\boldsymbol{X}=(i_1,\cdots,i_u\mid j_1,\cdots,j_v)$,$u+v=q+1$. 于是 $\boldsymbol{PAQ}$,从而 $\boldsymbol{A}$ 含有一个 $(u+p)\times v$ 零子矩阵,那就是,$(\boldsymbol{PAQ})(i_1,\cdots,i_u,m-p+1,m-p+2,\cdots,m\mid j_1,\cdots,j_v)$,并且

$$(u+p)+v=p+(u+v)=p+q+1=n+1$$

如果 $\mathrm{per}(\boldsymbol{Z})=0$,证明类似.

例2　(“跳舞问题”)在一群 n 个男孩和 n 个女孩中,每个男孩认识 k 个女孩,每个女孩认识 k 个男孩,证明:有可能安排 n 对舞伴的一次跳舞,使得每个女孩仅与她认识的一个男孩跳舞.

证明　令 $\boldsymbol{A}$ 是这样的一个 $n\times n$ 矩阵,如果第 i 个男孩认识第 j 个女孩,则 $\boldsymbol{A}$ 的 (i,j) 元素为1,否则为0. 于是 $\boldsymbol{A}$ 的每个行及每个列和都为 k. 我们必须证明

$\mathrm{per}(\boldsymbol{A})>0$,即存在$\boldsymbol{A}$的一条正对角线,这是因为每条正对角线都能决定关于舞伴的一个允许的安排.假设不是这样,则 $\mathrm{per}(\boldsymbol{A})=0$. 于是按 Frobenius-Kŏnig 定理,矩阵 $\boldsymbol{A}$ 含有 $p\times q$ 零子矩阵,$p+q=n+1$,从而存在置换矩阵 $\boldsymbol{P}$ 和 $\boldsymbol{Q}$,使得

$$\boldsymbol{PAQ}=\begin{pmatrix}\boldsymbol{X} & \boldsymbol{Y}\\ \boldsymbol{O} & \boldsymbol{Z}\end{pmatrix}$$

其中$\boldsymbol{X}$是$(n-p)\times q$,$\boldsymbol{Z}$是$p\times(n-q)$. 令$\sigma(\boldsymbol{M})$表示矩阵$\boldsymbol{M}$的所有元素的和,则$\sigma(\boldsymbol{PAQ})=\sigma(\boldsymbol{A})=nk$,同样,$\sigma(\boldsymbol{X})=qk$,$\sigma(\boldsymbol{Z})=pk$. 这是因为,$\boldsymbol{X}$含有$\boldsymbol{PAQ}$的前$q$列的所有非零元素,$\boldsymbol{Z}$含有$\boldsymbol{PAQ}$的后$p$行的所有非零元素,因此

$$nk=\sigma(\boldsymbol{PAQ})\geqslant\sigma(\boldsymbol{X})+\sigma(\boldsymbol{Z})=$$
$$qk+pk=(p+q)k=(n+1)k$$

这是一个矛盾,所以 $\boldsymbol{A}$ 的积和式是正的,由此得证,跳舞可以按指示的方式作安排.

定理3可推广如下:

定理4(Kŏning[16]) $m\times n$矩阵$(m\leqslant n)$的每条对角线至少含有k个零的必要充分条件是该矩阵含有$s\times t$零子矩阵,$s+t=n+k$.

证明 把$\boldsymbol{A}$扩大成一个$m\times(n+k-1)$矩阵$\boldsymbol{B}=(\boldsymbol{A}:\boldsymbol{J})$,使得$\boldsymbol{B}$的前$n$列构成矩阵$\boldsymbol{A}$,其余的列构成一个$m\times(k-1)$矩阵$\boldsymbol{J}$,它的一切元素都不是零. 假设$\boldsymbol{A}$的每条对角线至少含有$k$个零,则$\boldsymbol{B}$的每条对角线必含有一个零. 这是因为,$\boldsymbol{B}$的每条对角线至少有$m-(k-1)$个元素属于$\boldsymbol{A}$. 这$m-(k-1)$个元素与$\boldsymbol{A}$中$k-1$个别的元素一起构成至少含有$k$个零的$\boldsymbol{A}$的对角线. 因此,按定理3,矩阵$\boldsymbol{B}$含有$s\times t$零子矩阵,$s+t=$

$(n+k-1)+1=n+k$. 显然,它必位于 $\boldsymbol{A}$ 中.

反之,如果 $\boldsymbol{A}$ 含有 $s\times t$ 零子矩阵,$s+t=(n+k-1)+1=n+k$,则按定理 3,$\boldsymbol{B}$ 的每条对角线至少含有一个零. 由此可断言 $\boldsymbol{A}$ 的每条对角线至少含有 k 个零,这是因为,如果 $\boldsymbol{A}$ 的对角线含有 t 个零元素,$t\leqslant k-1$,则该对角线的 $m-t$ 个非零元素与 $\boldsymbol{J}$ 中适当 t 个元素(每个都是非零的)一起将构成没有任何零元素的 $\boldsymbol{B}$ 的对角线.

例 3　求 $m\times n$ 矩阵中$(m\leqslant n)$ 每条对角线恰好有 k 个零的充分必要条件.

令 $\boldsymbol{A}$ 是 $m\times n$ 矩阵,$m\leqslant n$. 假设 $\boldsymbol{A}$ 的每条对角线由 k 个零元和 $m-k$ 个非零元构成. 按定理4,矩阵 $\boldsymbol{A}$ 必含有一个零子矩阵,$s+t=k+n$ 和一个元素全是非零的 $p\times q$ 子矩阵,$p+q=n+(m-k)$. 因两个矩阵不能交叉,必有 $s+p\leqslant m$ 或 $t-q\leqslant n$ 成立. 但

$$(s+p)+(t+q)=2n+m$$

从而,如果 $s+p\leqslant m$,则

$$m+t+q\geqslant 2n+m$$

即

$$t+q\geqslant 2n$$

由此得到 $q=t=n$,于是,$s=k$ 和 $p=m-k$. 换言之,矩阵 $\boldsymbol{A}$ 由 k 个零行和 $m-k$ 个没有零行构成. 如果 $t+q\leqslant n$,则

$$s+p+n\geqslant 2n+m$$

即

$$s+p\geqslant n+m$$

但除非 $m=n$,这是不可能的,当 $m=n$ 时有,$s=p=n$,$t=k$ 和 $q=n-k$,并且矩阵 $\boldsymbol{A}$ 由 k 个零列和 $n-k$ 个没有零的列构成.

上面条件显然是充分的.

现在,我们定义一个重要的组合概念,它通常与(0,1) - 矩阵有关,但,我们宁可对非负矩阵来定义它.

定义3 设$\boldsymbol{A}$是$m\times n$非负矩阵,$\boldsymbol{A}$的项秩是$\boldsymbol{A}$中没有两个位于相同线上的正元素的最大数. 换言之,$\boldsymbol{A}$的项秩是$\boldsymbol{A}$的最大正子积和式的阶数.

定理5(Kŏnig - Egerváry[16]) $m\times n$非负矩阵$\boldsymbol{A}$的包含其一切正元素的线集中的最小线数等于$\boldsymbol{A}$的项秩.

证明 令r表示$\boldsymbol{A}$的项秩. 如果w条线含有$\boldsymbol{A}$的一切正元素,则,显然$w\geqslant r$. 假设u个行和v个列一起含有$\boldsymbol{A}$的一切正元素,并且,$u+v=w$,其中w是最小线数. 不失一般性,可以认为这是$\boldsymbol{A}$的前u行和前v列,即

$$\boldsymbol{A}=\begin{pmatrix}\boldsymbol{B} & \boldsymbol{C}\\ \boldsymbol{D} & \boldsymbol{O}\end{pmatrix}$$

其中$\boldsymbol{B}$是$u\times v$,显然$w\leqslant \min\{m,n\}$,从而,$u\leqslant n-v$. 现在断言$\boldsymbol{C}$的项秩是u. 否则,$\boldsymbol{C}$的每条对角线会含有零. 按定理3,矩阵$\boldsymbol{C}$会含有一个$p\times q$零子矩阵,$p+q=1+n-u$. 从而,$\boldsymbol{A}$会含有$(m-u+p)\times q$零子矩阵,由此可见,$\boldsymbol{A}$的全部正元素将包含在它的$u-p$个行和$n-q$个列中,但

$$(u-p)+(n-q)=u+n-1-n+v=$$
$$u+v-1=w-1$$

从而w不能是最小的. 同理$\boldsymbol{D}$的项秩是v,另外$\boldsymbol{A}$的项秩至少同$\boldsymbol{C}$与$\boldsymbol{D}$的项秩的和一般大,因此

$$r\geqslant u+v=w$$

此式同前面已得不等式$r\leqslant w$放在一起就给出

$$r=w$$

例 4　矩阵

$$A=\begin{pmatrix}1&0&1&0\\0&0&1&0\\0&1&0&1\\1&0&1&0\end{pmatrix}$$

的项秩是 3. 这是因为 $\mathrm{Per}(A(1|4))>0$ 和 $\mathrm{Per}(A)=0$ 的缘故. 我们观察到第 3 行、第 1 列和第 3 列含有 A 的全部正元素.

3　非负矩阵与图论

非负矩阵的许多性质,像不可约性,本原性,不可约矩阵的 Frobenius 型及非本原性指标等都只依赖于矩阵的零型. 为了便于研究,这些性质常用有相同零型的 (0,1) - 矩阵去代替非负矩阵,随后对每个这样的 (0,1) - 矩阵再考虑一个本质唯一的相伴有向图(见下面的定义). 本节将证明:非负矩阵的某些性质怎样从它的相伴有向图的有关性质推出. 这里我们不讨论由相伴矩阵的代数性质去决定有向图的结构性质的逆问题(它或许是更重要的).

我们从研究图论所不可或缺的大量定义开始.

定义 4　设 V 是非空的 n 元集,其元素可以方便地标号为 $1,\cdots,n$;E 是 V 中的一个二元关系,即 V 中元素的有序对的集合. $D=(V,E)$ 称为有向图. V 中的元素称为 D 的顶点. E 中的元素称为 D 的弧. 弧 (i,j) 称为联结顶点 i 到顶点 j 的弧. D 的一个子图是一个有向图,其一切顶点和弧属于 D. D 的一个生成子图是包含全部顶点的一个子图.

对于有向图 D 来说用一个图形来表示它是方便的. 在该图形中 D 的顶点用点表示, D 的弧用联结有关的有向线表示. 习惯上把这个图形也叫做有向图 D.

例 5 设 $V=\{1,2,3,4,5\}$, $E=\{(1,1),(1,3),(2,5),(3,1),(3,4),(4,1),(4,2),(4,3),(5,4)\}$, 则图 $D=(V,E)$ 可用图 1 来表示. 自然图 2 也表示同一图 D. 这是因为两个图形中的对应点(顶点)都是同时被有向线段(弧)联结或不是这样的联结的,注意,在图 2 中某些线的相交于不是该图的顶点,这些假造的交点不是图的组成部分.

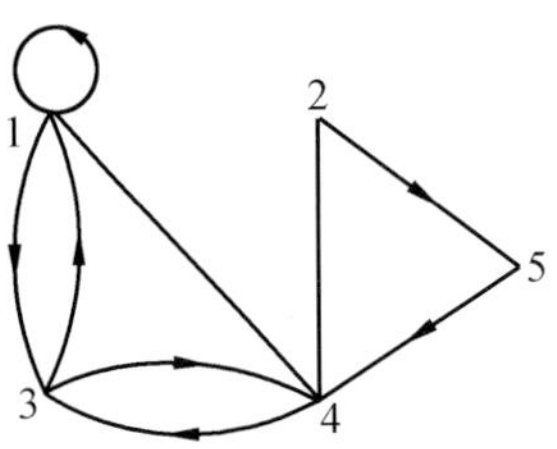

图 1

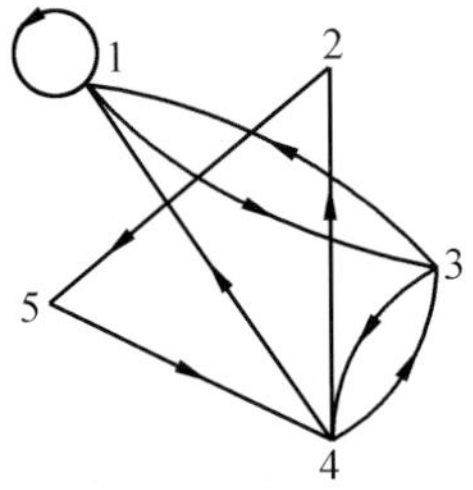

图 2

D 的弧的序列 $(i,t_1),(t_1,t_2),(t_2,t_3),\cdots,(t_{m-2},t_{m-1}),(t_{m-1},j)$ 称为联结 i 到 j 的道路,道路的长度定义为序列中弧的条数 m. 联结顶点 i 到自身的长度为 m 的路叫做长度为 m 的循环. 如果一个循环每个顶点作为弧的第一个顶点恰好出现一次,则该循环称为回路,长度为 1 的循环称为圈,生成回路称为 Hgmitronian 回路.

定义 5 (1) 几个顶点的有向图 D 的邻接矩阵 $\boldsymbol{A}(D)$ 是一个 $(0,1)$ - 矩阵,该矩阵的 (i,j) 元素是 1 当且仅当 (i,j) 是 D 的弧.

(2) 有向图 $D(\boldsymbol{X})$ 称为与非负矩阵 $\boldsymbol{X}$ 相伴,如果

$D(\boldsymbol{X})$ 的邻接矩阵与 $\boldsymbol{X}$ 有相同的零型.

例如,例 5 的有向图与矩阵

$$\begin{pmatrix} \frac{1}{2} & 0 & \frac{1}{2} & 0 & 0 \\ 0 & 0 & 0 & 0 & 1 \\ \frac{2}{3} & 0 & 0 & \frac{1}{3} & 0 \\ \frac{1}{4} & \frac{1}{2} & \frac{1}{4} & 0 & 0 \\ 0 & 0 & 0 & 1 & 0 \end{pmatrix}$$

和其他有相同零型的非负矩阵相伴.

定义 6　如果对任意不同顶点的有序对,i 和 j,在有向图 D 中有联结 i 到 j 的道路,则有向图 D 叫做强连通的.

例 6　例 5 的有向图是强连通的,而图 3 不是强连通的:因为它不含联结顶点 1 到 2 的任何道路. 这个图的邻接矩阵是显然为可约的下列矩阵

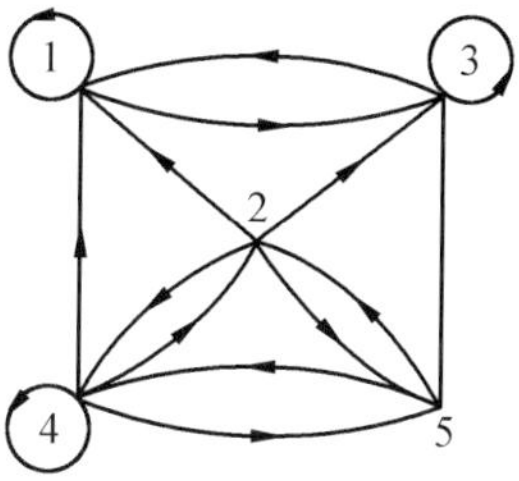

图 3

$$\begin{pmatrix} 1 & 0 & 1 & 0 & 0 \\ 1 & 0 & 1 & 1 & 1 \\ 1 & 0 & 1 & 0 & 0 \\ 1 & 1 & 0 & 1 & 1 \\ 0 & 1 & 1 & 1 & 0 \end{pmatrix}$$

在例 5 和 6 中不可约矩阵的相伴有向图是强连通的,而可约矩阵的相伴有向图不是强连通的. 我们证明这种对应关系对于一切非负矩阵是成立的.

大家记得,如果 $\boldsymbol{A}=(a_{ij})$ 是方阵,则 $a_{ij}^{(k)}$ 表示 $\boldsymbol{A}^k$ 的 (i,j) 元素.

定理 6 如果 $\boldsymbol{A}=(a_{ij})$ 是 $(0,1)$ - 矩阵, $D(\boldsymbol{A})$ 是顶点 $1,\cdots,n$ 的相伴有向图,则联结顶点 i 到顶点 j 的长度为 k 的不同道路的数目等于 $a_{ij}^{(k)}$.

证明 一方面,我们有

$$a_{ij}^{(k)}=\sum_{t_1t_2\cdots t_{k-1}} a_{it_1}a_{t_1t_2}\cdots a_{t_{k-2}t_{k-1}}a_{t_{k-1}j}$$

其中 $t_1,\cdots,t_{k-1}$ 独立取遍 1 和 h 之间的所有整数. 另一方面, 在 $D(\boldsymbol{A})$ 中的道路 (i,t_1), (t_1,t_2), $\cdots$, (t_{k-2},t_{k-1}), (t_{k-1},j) 联结 i 到 j 当且仅当 $a_{it_1}=a_{t_1t_2}=\cdots=a_{t_{k-1}t_{k-2}}=a_{t_{k-1}j}=1$. 即,当且仅当 $a_{it_1}=a_{t_1t_2}=\cdots=a_{t_{k-2}t_{k-1}}=a_{t_{k-1}j}=1$. 即当且仅当 $a_{it_1}a_{t_1t_2}\cdots a_{t_{k-2}t_{k-1}}a_{t_{k-1}j}=1$. 结果由此得证.

推论 1 如果 $\boldsymbol{A}=(a_{ij})$ 为非负矩阵,则相伴有向图有联结顶点 i 到 j 的长度为 k 的道路当且仅当 $a_{ij}^{(k)}>0$.

此推论给出下面的重要定理.

定理 7 一个非负矩阵是不可约的当且仅当其相伴有向图是强连通的.

证明 $n \times n$ 非负矩阵 $\boldsymbol{A} = (a_{ij})$ 是不可约的当且仅当对每个 i 和 j,$1 \leqslant i,j \leqslant n$,存在一个整数 k 使得 $a_{ij}^{(k)} > 0$,按推论1,满足这个条件当且仅当相伴有向图 $D(\boldsymbol{A})$ 有联结顶点 i 到 j 的道路. 由此得,$\boldsymbol{A}$ 是不可约的当且仅当对每个 i,j 存在 D 的联结 i 到 j 的道路. 换言之,当且仅当 $D(\boldsymbol{A})$ 是强连通的.

图论的方法可用于确定一个给定的非负矩阵是否为本原的和用于求一个不可约矩阵的非本原性指标.

定义7 设 D 是强连通有向图,D 中所有循环的长度的最大公因数叫做 D 的非本原性指标.

引理1 设 D 是有非本原性指标 k 的强连通图,k_i 是 D 的通过顶点 i 的一切循环的长度的最大公因数,则 $k_i = k$.

证明 显然 $k \mid k_i$,我们证明 $k_i = k$. 设 C_i 是 D 的任一循环. 令它的长度为 m_i,并通过顶点 j. 由于 D 是强连通的,它含有联结顶点 i 到顶点 j 的一条道路 p_{ij} 和联结顶点 j 到顶点 i 的一条道路 p_{ij}. 令这些道路的长度分别是 s_{ij} 和 s_{ji}. 现在由 p_{ij} 和 p_{ji} 组成的路和由 p_{ij},c_j 和 p_{ji} 组成的路都是通过顶点 i 的循环. 这些循环的长度是 $s_{ij} + s_{ji}$ 和 $s_{ij} + m_j + s_{ji}$. 由于 k_i 整除 $s_{ij} + s_{ji}$ 和 $s_{ij} + m_j + s_{ji}$,它必整除 m_j,换言之,k_i 整除 D 中每个循环的长度,这样一来 $k_i \mid k$,从而 $k_i = k$.

定理8 不可约矩阵的非本原性指标等于相伴有向图的非本原性指标.

证明 设 h 是不可约 $n \times n$ 矩阵 $\boldsymbol{A} = (a_{ij})$ 的非本原性指标. k 是相伴强连通有向图 $D(\boldsymbol{A})$ 的非本原性指标. 考虑通过顶点 i 的循环. 设 M_i 是这些循环长度的集合,则按引理1

$$k=\gcd\{m_t \mid m_t \in M_i\} \quad (1)$$

我们证明 M_i 在加法下是封闭的. 设 m_1, m_2 是 M_i 中任意整数,则按推论 1, $a_{ii}^{(m_1)}>0$ 和 $a_{ii}^{(m_2)}>0$,从而

$$a_{ii}^{(m_1+m_2)}=\sum_{t=1}^{n} a_{it}^{(m_1)} a_{ti}^{(m_2)} \geqslant a_{ii}^{(m_1)} a_{ii}^{(m_2)}>0$$

因此,按推论 1,存在通过顶点 i 长度为 m_1+m_2 的循环. 所以, $m_1+m_2 \in M_i$,即 M_i 在加法下是封闭的. 按众所周知的 Schur 定理, M_i 包含 k 的除有限项外一切的整数倍. 所以,对一切足够大的整数 t, $a_{ii}^{(kt)}>0$. 另一方面,如果 s 不是 k 的倍数,则由 M_i 的定义(1) 和推论 1 可得 $a_{ii}^{(s)}=0$. 由于 i 是 $D(\boldsymbol{A})$ 的任意顶点,我们可以推得对一切足够大的 s 和 $i=1,\cdots,n$, $a_{ii}^{(s)}>0$ 当且仅当 k 是 s 的倍数.

矩阵 $\boldsymbol{A}$ 是不可约的,它的非本原性指标为 h. 因此,若 $h>1$,则存在一个置换矩阵 $\boldsymbol{P}$ 使得 $\boldsymbol{P}^{\mathrm{T}}\boldsymbol{A}\boldsymbol{P}$ 是有 h 个非零上对角线块的 Frobenius 型, $(\boldsymbol{P}^{\mathrm{T}}\boldsymbol{A}\boldsymbol{P})^h$ 是本原矩阵的直和. 因此,对于足够大的 t, $(\boldsymbol{P}^{\mathrm{T}}\boldsymbol{A}\boldsymbol{P})^{ht}=\boldsymbol{P}^{\mathrm{T}}A^{ht}\boldsymbol{P}$ 是正矩阵的直和. 从而,对一切足够大的 t, $a_{ii}^{(ht)}>0, i=1,\cdots,n$. 另一方面,如果 s 不是 h 的倍数,则 $(\boldsymbol{P}^{T}\boldsymbol{A}\boldsymbol{P})^s$(即 $\boldsymbol{A}^s$) 的一切主对角线元素是零. 若 $h=1$,则 $\boldsymbol{A}$ 是本原的. 且对于足够大的 t,矩阵 $\boldsymbol{A}^t=\boldsymbol{A}^{ht}$ 是正的. 在每种情况下,都能推得:对足够大的 s, $a_{ii}^{(s)}>0$ 当且仅当 s 是 h 的倍数,因此即得 $h=k$.

由于非负矩阵有非零的主对角线元素当且仅当相伴有向图是圈,即长度为 1 的循环. 故有下面的结果.

推论 2 有非零主对角线的不可约矩阵是本原的.

定理 8 为求不可约矩阵的非本原性指标提供了一

个有用的方法. 注意到:有向图的非本原性指标等于图中一切回路长度的最大公因数,会使我们这里求非本原性指标的工作变得稍微容易一些.

例 7　用图论的方法证明

$$\boldsymbol{A}=\begin{pmatrix}0&1&0&0&0&0\\1&0&0&0&1&0\\0&1&0&0&0&0\\1&0&1&0&0&0\\0&0&0&1&0&1\\0&0&1&0&1&0\end{pmatrix}$$

是不可约的,并求它的非本原性指标.

构作 $\boldsymbol{A}$ 的相伴有向图如图 4.

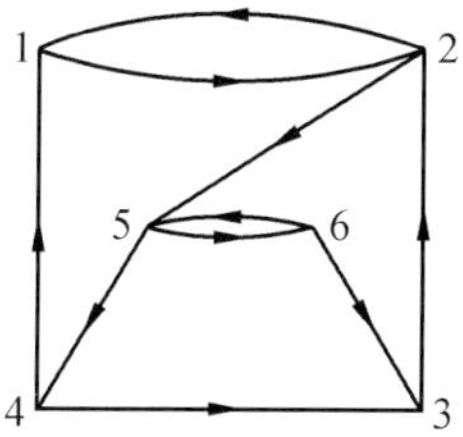

图 4

我们核实,联结每一对顶点都有路,从而该图是强连通的,显然,只需核实例如顶点 1 联结到每一个别的顶点并且每个别的顶点都联结到顶点 1,则可得 $\boldsymbol{A}$ 是不可约的. 我们注意到,存在一个通过顶点 1 长度为 2 的循环. 且不存在长度为奇数的圈,由此可以推得图的非本原性指标(从而 A 的非本原性指标) 为 2. 从该图显而易见. 如果在其中加进一条弧, 例如(2,6), 则该图会有一长度为 3 的循环,从而其非本原性指标会是 1. 它的邻接矩阵会是本原的. 把(2,6) 位置的零以 1

代替给出所得矩阵非本原性的直接检验或许不是这样显然了. 作为这一节结尾,介绍由 Lewin[18] 首先提出的本原矩阵的特性.

定理 9 如果 $\boldsymbol{A}=(a_{ij})$ 是不可约矩阵,且对某 (i,j) 有

$$a_{ij}a_{ij}^{(2)}>0$$

则 $\boldsymbol{A}$ 是本原的.

证明 按推论 1,在相伴有向图 $D(\boldsymbol{A})$ 中有以长度为 1 和 2 的道路把顶点 i 联结到顶点 j. 因 $\boldsymbol{A}$ 是不可约的,故 $D(\boldsymbol{A})$ 是强连通的,存在一个例如长度为 s 的联结顶点 j 到 i 的道路. 于是 $D(\boldsymbol{A})$ 含有长度为 $s+1$ 和 $s+2$ 的循环. 由于 $\gcd(s+1,s+2)=1$,按定理 8,$\boldsymbol{A}$ 是本原的.

定理 9 可表述为下面形式:如果 $\boldsymbol{A}$ 是不可约矩阵,且 Hadamard 积 $\boldsymbol{A}*\boldsymbol{A}^2$ 是非零的,则 $\boldsymbol{A}$ 是本原的. (大家记得, 两个 $m\times n$ 矩阵 $\boldsymbol{X}=(x_{ij})$ 和 $\boldsymbol{Y}=(y_{ij})$ 的 Hadamard 积是一个 $m\times n$ 矩阵,其 (i,j) 元素是 $x_{ij}y_{ij}$)

注意,定理 9 的逆命题是不真的. 例如矩阵

$$\boldsymbol{A}=\begin{pmatrix}0&1&0&1&0\\0&0&1&0&0\\0&0&0&1&0\\0&0&0&0&1\\1&0&0&0&0\end{pmatrix}$$

是本原的. 但 $\boldsymbol{A}*\boldsymbol{A}^2=0$. 然而,却有下面的结果.

定理 10 不可约矩阵 $\boldsymbol{A}$ 是本原的当且仅当存在一个正整数 q 使得 $\boldsymbol{A}^q*\boldsymbol{A}^{q+1}$ 是非零的.

证明 以证明定理 9 的方法可证充分性;必要性是的显然推论.

4　完全不可分解矩阵

在上一章,我们见到非负矩阵的谱性质,经过它的行的适当的置换和它的列的相同置换之后变得较为明显.当研究非负矩阵的组合性质时我们通常走得更远些,即我们可以独立地置换矩阵的行与列而不影响它的基本组合特性.例如:关联矩阵的行的一个置换对应于把组态中的子集重新编号而列的一个置换则等价于把元素重新编号变换.我们称两个矩阵 $\boldsymbol{A}$ 和 $\boldsymbol{B}$ 是置换等价或 p - 等价的,如果存在置换矩阵 $\boldsymbol{P}$ 和 $\boldsymbol{Q}$,使得 $\boldsymbol{A}=\boldsymbol{PBQ}$.在非负矩阵的谱理论中,基本的概念是不可约矩阵,即不同步于较小矩阵的子直和的矩阵.在组合理论中与之相当的概念是完全不可分解矩阵,即不与任意的子直和 p - 等价的矩阵.

定义 8　一个 $n-n$ 非负矩阵叫其部分可分解的,如果它含有 $s\times(n-s)$ 零子矩阵.换言之,矩阵是部分可分解的,如果它 p - 等价于一个形如

$$\begin{pmatrix}\boldsymbol{X} & \boldsymbol{Y}\\ \boldsymbol{O} & \boldsymbol{Z}\end{pmatrix}$$

的矩阵,其中 $\boldsymbol{X}$ 和 $\boldsymbol{Z}$ 是方阵,如果 $n\times n$ 非负矩阵不含有任何 $s\times(n-s)$ 零子矩阵,则叫做完全不可分解的.也就是说,非负矩阵是完全不可分解的,如果它不是部分可分解的,按定义 1×1 零矩阵是部分可分解的.而 1×1 非零矩阵是完全不可分解的.

完全不可分解矩阵的一个用积和式表述的重要特性由下一定理给出.

定理 11(Marcus 和 Minc[20])　$n\times n$ 非负矩阵

$\boldsymbol{A}(n\geqslant 2)$ 是完全不可分解的当且仅当对一切的 i 和 j 成立

$$\operatorname{Per}(\boldsymbol{A}(i\mid j))>0$$

证明 按 Frobenius-kŏnig 定理(定理3),对某个 h 个和 k,$\operatorname{per}(\boldsymbol{A}(h\mid k))=0$ 当且仅当子矩阵 $\boldsymbol{A}(h\mid k)$,进而矩阵 $\boldsymbol{A}$ 含有 $s\times t$ 零子矩阵,$s+t=(n-1)+1=n$. 因此,对某个 h 和 k,$\operatorname{per}(\boldsymbol{A}(h\mid k))=0$ 当且仅当 $\boldsymbol{A}$ 是部分可分解的.

推论3 完全不可分解矩阵的每个正元素都位于一条正对角线上.

大家记得,(i,j) 位置的元素是1而其余元素是0的 $n\times n$ 矩阵记为 $\boldsymbol{E}_{ij}$.

推论4 如果 $\boldsymbol{A}$ 是完全不可分解的非负矩阵,且 c 是非零实数,则对每个 i 和 j

$$\operatorname{per}(\boldsymbol{A}+c\boldsymbol{E}_{ij})>\operatorname{per}(\boldsymbol{A})$$

或

$$\operatorname{per}(\boldsymbol{A}+c\boldsymbol{E}_{ij})<\operatorname{per}(\boldsymbol{A})$$

随 $c>0$ 或 $c<0$ 而定.

这是因为,$\operatorname{per}(\boldsymbol{A}+\boldsymbol{E}_{ij})=\operatorname{per}(\boldsymbol{A})+c\operatorname{per}(\boldsymbol{A}(i\mid j))$,及按定理8,$\operatorname{per}(\boldsymbol{A}(i\mid j))>0$.

对于完全不可分解的(0,1)-矩阵的情况,可能成立更强的结果.

推论5 如果 $\boldsymbol{A}$ 是完全不可分解的(0,1)-矩阵,则

$$\operatorname{per}(\boldsymbol{A}+\sum_{i=1}^{m}\boldsymbol{E}_{ij})\geqslant\operatorname{per}(\boldsymbol{A})+m$$

证明 由于 $\boldsymbol{A}$ 是一个(0,1)-矩阵,按定理11,对一切的 i 和 j

$$\operatorname{per}(\boldsymbol{A}(i\mid j))\geqslant 1$$

因此

$$\operatorname{per}(\boldsymbol{A}+\boldsymbol{E}_{ij_1})=\operatorname{per}(\boldsymbol{A})+\operatorname{per}(\boldsymbol{A}(i\mid j))\geqslant \operatorname{per}(\boldsymbol{A})+1$$

显然,$\boldsymbol{A}+\boldsymbol{E}_{i_1j_1}$ 是完全不可分解的. 再对 m 进行归纳法证明即可.

定理 12　设

$$\boldsymbol{A}=\begin{pmatrix} A_1 & B_2 & 0 & \cdots & 0 \\ 0 & A_2 & B_2 & \ddots & \vdots \\ \vdots & \ddots & \ddots & \ddots & 0 \\ 0 & 0 & \ddots & A_{r-1} & B_{r-1} \\ B_r & 0 & \cdots & 0 & A_r \end{pmatrix} \tag{1}$$

是 $n\times n$ 非负矩阵,其中 $\boldsymbol{A}_i$ 是完全不可分解的 $n_i\times n_i$ 矩阵,且 $\boldsymbol{B}_i\neq 0(i=1,\cdots,r)$,则 $\boldsymbol{A}$ 是完全不可分解的.

证明　假设 $\boldsymbol{A}$ 是部分可分解的,即对某个 $\alpha\in Q_{sn}$ 和 $\beta\in Q_{tn}$,$s+t=n$,有 $\boldsymbol{A}(\alpha\mid\beta)=0$. 设 α 有 s_j 行,β 有 t_j 列,β 与子矩阵 $\boldsymbol{A}_j$ 相交($j=1,\cdots,r$),则由 $s_1+\cdots+s_r=s\geqslant 1$ 知,至少有一个 s_j 是正的. 同理,至少有一个 t_j 是正的. 同时因每个 $\boldsymbol{A}_j$ 是完全不可分解的且包含 $s_j\times t_j$ 零子矩阵(除非 $s_j=0$ 或 $t_j=0$). 故必有 $s_j+t_j\leqslant n_j$,仅当 $s_j=0$ 或 $t_j=0$ 时,等号才成立. 但

$$n=s+t=\sum_{j=1}^{r}s_j+\sum_{j=1}^{r}t_j=\sum_{j=1}^{r}(s_j+t_j)\leqslant\sum_{j=1}^{r}n_j=n$$

于是对每个 j,$s_j+t_j=n_j$,由此推出对于 $j=1,\cdots,r$,不是 $s_j=0$ 就是 $t_j=0$. 但既不是一切 s_j 也不是一切 t_j 都是零. 因此,必存在一整数 k,使得 $s_k=n_k$ 和 $t_{k+1}=n_{k+1}$(下标按模 r 化简). 但是这样一来,$\boldsymbol{B}_k$ 就是一个零子矩阵的子

矩阵,与我们的假设矛盾.

定义 9　非负矩阵称为双随机的,如果它的一切行和与列和都为 1.

显然,双随机矩阵必是方的. 下一章将要详细研究双随机矩阵.

定义 10　非负矩阵称为有双随机型,如果它与一个双随机矩阵有相同零型.

例如,矩阵

$$\begin{pmatrix} 1 & 1 & 1 \\ 1 & 1 & 0 \\ 1 & 0 & 1 \end{pmatrix}$$

有双随机型,这是因为它与双随机矩阵

$$\begin{pmatrix} \frac{1}{2} & \frac{1}{4} & \frac{1}{4} \\ \frac{1}{4} & \frac{3}{4} & 0 \\ \frac{1}{4} & 0 & \frac{3}{4} \end{pmatrix}$$

有相同的零型. 另一方面,矩阵

$$\begin{pmatrix} 1 & 1 & 1 \\ 1 & 1 & 0 \\ 0 & 0 & 1 \end{pmatrix} \tag{2}$$

没有双随机型. 因为,如果任意双随机矩阵有与(2)相同的零型,则它第三行上唯一的非零元素必为 1,但是,它的(1,3)元素因此不能是正的.

定理 13　完全不可分解矩阵有双随机型.

证明　设 $\boldsymbol{A}=(a_{ij})$ 是 $n\times n$ 完全不可分解矩阵,则按定理11,对一切 i,j, $\mathrm{per}(\boldsymbol{A}(i|j))>0$,设 $\boldsymbol{S}=(s_{ij})$ 是由

$$s_{ij}=\frac{a_{ij}\operatorname{per}(\boldsymbol{A}(i\mid j))}{\operatorname{per}(\boldsymbol{A})},i,j=1,\cdots,n$$

定义的 $n\times n$ 矩阵,显然 $\boldsymbol{S}$ 是非负的. 具有与 $\boldsymbol{A}$ 相同的零型.

此外,对 $i=1,\cdots,n$ 有

$$\sum_{j=1}^{n}s_{ij}=\frac{1}{\operatorname{per}(\boldsymbol{A})}\sum_{j=1}^{n}a_{ij}\operatorname{per}(\boldsymbol{A}(i\mid j))=$$

$$\operatorname{per}(\boldsymbol{A})\times\frac{1}{\operatorname{per}(\boldsymbol{A})}=1$$

类似地,对 $j=1,\cdots,n$ 有

$$\sum_{j=1}^{n}s_{ij}=\frac{1}{\operatorname{per}(\boldsymbol{A})}\sum_{j=1}^{n}a_{ij}\operatorname{per}(\boldsymbol{A}(i\mid j))=1)$$

因此,$\boldsymbol{S}$ 是双随机的,从而 $\boldsymbol{A}$ 有双随机型.

注意:定理 13 的逆命题不真.

下一简单结果[4] 阐明完全不可分解性和不可约性之间的联系.

定理 14　非负矩阵是完全不可分解的当且仅当它 p - 等价于一个有正的主对角线的不可约矩阵.

证明　设 $\boldsymbol{A}$ 是有一条正对角线的不可约 $n\times n$ 矩阵. 如果是部分可分解的,则它含有零子矩阵 $\boldsymbol{A}(i_1,\cdots,i_s\mid j_{s+1},j_{s+2},\cdots,j_n)$,$i_1<\cdots<i_s$,$j_{s+1}<j_{s+2}<\cdots<j_n$,其中 $\{i_1,\cdots,i_s\}$ 和 $\{j_{s+1},j_{s+2},\cdots,j_n\}$ 由于 $\boldsymbol{A}$ 在主对角线上无零元素而不一定相交. 但这要与 $\boldsymbol{A}$ 的不可约性相矛盾.

反之,按推论 3,完全不可分解的矩阵含有一条正对角线,因而,p - 等价于一个有正主对角线的完全不可分解,从而是不可约的矩阵.

5 几乎可分解与几乎可约矩阵

按推论 4,如果以 0 代替完全不可分解的(0,1)-矩阵中的一个正元素,则当所得矩阵保持为完全不可分解时,它的积和式至少减小 1,即原先的矩阵的积和式比所得矩阵的积和式至少大 1. 若后一积和式已知,就给出原先的矩阵积和式的一个下界. 若它不是已知的且估算较困难,我们就可重复进行以 0 代替 1 的过程,直到得一个易于处理的完全不可分解矩阵为止,然后,用推论 5 便能获得原先矩阵积和式的一个下界. 现在来考虑对完全不可分解矩阵尽可能地进行这样的剥皮过程(即以 0 代替一个正元素并得到新的完全不可分解矩阵的过程). 而获得矩阵类.

定义 11 (1) 完全不可分解的非负矩阵 $\boldsymbol{A}=(a_{ij})$ 称为几乎可分解的,如果对每个 $a_{hk}>0$,矩阵 $\boldsymbol{A}-a_{hk}\boldsymbol{E}_{hk}$ 是部分可分解的.

(2) 不可约非负矩阵 $\boldsymbol{A}=(a_{ij})$ 称为几乎可约的,如果对每个正的 a_{hk},矩阵 $\boldsymbol{A}-a_{hk}\boldsymbol{E}_{hk}$ 是可约的. 这里为方便起见把 1×1 零矩阵看做是几乎可约(从而是不可约)的.

(3) 强连通有向图称为极小连通的,如果删除它的任意一条弧它就不再是强连通的.

(4) 不含圈的强连通有向图称为玫瑰结,如果它至多有一个顶点与多于两条的弧相连接.

(5) 如果 w 是有向图顶点的子集,则 w 的收缩是从 D 中删去联结 w 的任意两个顶点的两个弧并把 w 的一切顶点看作与它们之一相同的单个点而得到.

注意:w 的收缩可能不是有向图,因为可能有连续同一有序对顶点的重弧.然而,如果没有顶点对被多于一条的弧联结,则该收缩是有向图.

引理 2　(1) 至少有两个顶点的有向图是极小连通的当且仅当它的邻接矩阵是几乎可约的.

(2) 玫瑰结(从而回路) 是极小连通图.

(3) 回路的连接矩阵是完全循环置换矩阵.

上述各命题是相当明显的,证明留给读者.

引理 3　设矩阵 $\boldsymbol{A}$ 有 4 中矩阵(1) 的形式,其中 A_i 是完全不可分解的且 B_i 是非零的.如果 $\boldsymbol{A}$ 是完全可分解的,则每个 A_i 是几乎可分解的.

证明　如果 A_i 不是几乎可分解的,则在 A_i 中能以零代替一个正元素,而得到仍然是完全不可分解的块.但,按定理 12 矩阵 $\boldsymbol{A}$ 在其相同的正元素被零代替后仍然是完全不可分解的.这与 $\boldsymbol{A}$ 是几乎可分解的事实相矛盾.

引理 4(Berge[2])　如果 w 是极小连通有向图 D 的强连通子图的顶点集,则 w 的收缩也是极小连通有向图.

证明　首先证明 w 的收缩是有向图,即它不含有重弧,因为,如果它不是这种情况,在 D 中就会存在这样的弧对 (i,j) 和 (i,k) 或 (j,i) 和 (k,i),其中 $i \notin w, j, k \in w$.但是强连通图 D 因此不会是极小连通的.原因是从 D 中删去两弧中的一个所得的有向图也会是强连通的.

下面推断 w 的收缩是极小连通的.它显然是强连通的.此外,删去它的任意弧,不能得出一个强连通图.因为不然的话,在 D 中删去同样的弧,也会得出一个强连通图,便与 D 是极小连通的事实相矛盾.

对于几乎可约和几乎可分解矩阵,下面的属于 Hartfiel[13] 的定理给出一个非常简单的标准形式,对于几乎可分解矩阵,Hartfiel 标准形式实际上是 Sinkhorn 和 Knopp[28] 得到的标准形式的一个实质性的简化.

定理 15 设 $\boldsymbol{A}$ 是 $n\times n$ 几乎可分解(几乎可约)矩阵,$n>1$,则 $\boldsymbol{A}$ p – 等价(同步)于形如

$$\begin{pmatrix} \boldsymbol{A}_1 & \boldsymbol{E}_1 & \boldsymbol{0} & \cdots & \boldsymbol{0} & \boldsymbol{0} \\ \boldsymbol{0} & \boldsymbol{A}_2 & \boldsymbol{E}_2 & \cdots & \boldsymbol{0} & \boldsymbol{0} \\ \vdots & \vdots & \vdots & & \vdots & \vdots \\ \boldsymbol{0} & \boldsymbol{0} & \boldsymbol{0} & \cdots & \boldsymbol{E}_{s-2} & \boldsymbol{0} \\ \boldsymbol{0} & \boldsymbol{0} & \boldsymbol{0} & \cdots & \boldsymbol{A}_{s-1} & \boldsymbol{E}_{s-1} \\ \boldsymbol{E}_s & \boldsymbol{0} & \boldsymbol{0} & \cdots & \boldsymbol{0} & \boldsymbol{A}_s \end{pmatrix} \tag{1}$$

的矩阵,其中 $s\geqslant 2$;每个 $\boldsymbol{E}_i$ 恰好有一个正元素,每个 $\boldsymbol{A}_i$ 几乎可分解(几乎可约);并且一切 $\boldsymbol{A}_i$,$\boldsymbol{A}_s$ 可能除外,是 1×1 的.

证明 首先证明几乎可约矩阵的情形. 设 D 是相伴于 $\boldsymbol{A}$ 的有向图. 按引理 2(1),图 D 是极小连通的. 如果 D 是 Hamiltonian 回路,则按引理 2(3) 知,D 的邻接矩阵是完全循环置换矩阵. 且 $\boldsymbol{A}$ 同步于(1) 形的矩阵. 如果 D 不是 Hamiltonian 回路,我们缩小它的任一回路,按引理 4 所得图 D_1 是极小的连通的. 设 v_1 是代替该缩小回路的顶点的 D_1 的顶点. 如果 D_1 不是 Hamiltonian 回路. 我们再次缩小通过 v_1 的任一回路得到极小连通图 D_2. 设 v_2 是代替通过 v_1 的缩小回路顶点的 D_2 的顶点. 继续实施这个缩小过程中,直到得出长度为 s 的 Hamiltonian 回路的极小连通图 D_m 为止. 设 v_m

是上述过程中一切回路所收缩为的那个顶点. 缩小到 v_m 的 D 的那些顶点组成的 D 的子图是一个玫瑰结. D_m 中其余的 $s-1$ 个顶点未卷入上述缩小过程. 把它们重新标号为 $1,\cdots,s-1$,将 v_m 标号为 s,把 D 的其余的顶点按任意顺序标号为 $s+1,s+2\cdots,n$. 则按上述办法重新标号过顶点的 D 的邻接矩阵 $\boldsymbol{C}$ 具有形式(1),其中 $\boldsymbol{A}_1=\boldsymbol{A}_2=\cdots=\boldsymbol{A}_{s-1}=\boldsymbol{0}$,$\boldsymbol{E}_1=\boldsymbol{E}_2=\cdots=\boldsymbol{E}_{s-2}=1$,$\boldsymbol{E}_{s-1}$ 是第一个元素为1其余元素为0的 $1\times(n-s+1)$ 矩阵. $\boldsymbol{E}_s$ 是最上面的元素为1其余元素为0的 $(n-s+1)\times 1$ 矩阵. 矩阵 $\boldsymbol{A}$ 同步于与 $\boldsymbol{C}$ 有相同零型的一个矩阵,这就完成了当 $\boldsymbol{A}$ 是几乎可约时的证明.

现在,假设 $\boldsymbol{A}$ 是几乎可分解的. 按定理14,矩阵 $\boldsymbol{A}$ p 等价于有正主对角线的一个不可约矩阵 $\overline{\boldsymbol{A}}$. 因矩阵 $\overline{\boldsymbol{A}}$ 的不可约性与它的主对角线元素无关,故 $\overline{\boldsymbol{A}}$ 是一个有零主对角线的不可约矩阵 $\boldsymbol{B}$ 和一个非奇异的非负对角矩阵 $\boldsymbol{L}$ 的和. 显然,$\boldsymbol{B}$ 是几乎可约的,从而按上面已证明了的结果应有置换矩阵 $\boldsymbol{P}$,使得 $\boldsymbol{P}^{\mathrm{T}}\boldsymbol{B}\boldsymbol{P}$ 有形式(1),其中主对角线块是几乎可约的,且每个 $\boldsymbol{E}_i$ 恰好有一个正元素. 再按定理14,$\boldsymbol{P}^{\mathrm{T}}\boldsymbol{B}\boldsymbol{P}+\boldsymbol{P}^{\mathrm{T}}\boldsymbol{L}\boldsymbol{P}=\boldsymbol{P}^{\mathrm{T}}\boldsymbol{A}\boldsymbol{P}$ 也有形式(1). 并且它的主对角块是完全不可分解的,每个 $\boldsymbol{E}_i$ 恰好有一个正元素. 由于 $\boldsymbol{P}^{\mathrm{T}}\overline{\boldsymbol{A}}\boldsymbol{P}$ 是几乎可分解的,则按引理3,$\boldsymbol{P}^{\mathrm{T}}\overline{\boldsymbol{A}}\boldsymbol{P}$ 的每个主对角块也是几乎可分解的. 最后矩阵 $\boldsymbol{P}^{\mathrm{T}}\overline{\boldsymbol{A}}\boldsymbol{P}$ p - 等价于 $\boldsymbol{A}$.

可用定理15估计几乎可约或几乎可分解矩阵的正元素的最大数目. 我们从一个引理开始.

引理5 如果 $\boldsymbol{A}=(a_{ij})$ 是有标准形式(1)的几乎可分解矩阵,则 $\boldsymbol{A}_s$ 不能是 2×2 的.

证明 假设$\boldsymbol{A}_s$是2×2的. 不失一般性,可假设$\boldsymbol{A}$是(0,1) - 矩阵,而且$\boldsymbol{E}_{s-1}=(1\quad 0)$,$\boldsymbol{E}_s=(0\quad 1)^{\mathrm{T}}$. 由于$\boldsymbol{A}_s$是完全不可分解的 2×2 矩阵,它必是正的. 但是,$\boldsymbol{A}$ 因此不能是几乎不可分解的. 因为按定理 12 $\boldsymbol{A}-\boldsymbol{E}_{n,n-1}=\boldsymbol{I}_n+\boldsymbol{P}_n$是完全不可分解的(这里$\boldsymbol{P}_n$表示 1 出现在上对角形上的完全循环置换矩阵).

引理 6 (1) 设$\boldsymbol{B}_n$是下之 $n\times n(n\geqslant 2)$(0,1) - 矩阵

$$\boldsymbol{B}_n=\sum_{j=2}^{n}\boldsymbol{E}_{1j}+\sum_{i=2}^{n}\boldsymbol{E}_{i1}=\begin{pmatrix}0 & 1 & 1 & \cdots & 1\\ 1 & & & & \\ 1 & & \boldsymbol{O} & & \\ \vdots & & & & \\ 1 & & & & \end{pmatrix}$$

则$\boldsymbol{B}_n$是几乎可约的.

(2) 设$\boldsymbol{C}_n$是下之 $n\times n(n\geqslant 3)$(0,1) - 矩阵

$$\boldsymbol{C}_n=\boldsymbol{B}_n+\sum_{i=2}^{n}\boldsymbol{E}_{ii}=\begin{pmatrix}0 & 1 & 1 & \cdots & 1\\ 1 & 1 & 0 & \cdots & 0\\ 1 & 0 & 1 & \cdots & 0\\ \vdots & \vdots & \vdots & & \vdots\\ 1 & 0 & 0 & \cdots & 1\end{pmatrix}$$

则$\boldsymbol{C}_n$是几乎可分解的,且

$$\operatorname{Per}(\boldsymbol{C}_n)=-\det(\boldsymbol{C}_n)=n-1$$

(注:矩阵$\boldsymbol{C}_n$出现在 Bruijn 和 Erdǒs[5] 的著名定理中).

证明 (1)$\boldsymbol{B}_n$显然是几乎可约的,因它的相伴有向图是一个玫瑰结.

(2) 按定理 14 矩阵$\boldsymbol{B}_n+\boldsymbol{I}_n=\boldsymbol{C}_n+\boldsymbol{E}_{11}$是完全不可分解的,$\boldsymbol{C}_n$也是如此. 因为当 $n\geqslant 3$ 时,(1,1) 位置上

那个附加的零不能是任一个 $s\times(n-1)$ 零子矩阵的元素. 此外, $\boldsymbol{C}_n$ 也是几乎可分解的,因为若其任一正元素由零代替后所得矩阵含有一个 $1\times(n-1)$ 或 $(n-1)\times 1$ 零子矩阵.

把 $\boldsymbol{C}_n$ 的第一列减去后面的 $n-1$ 列的和,所得矩阵是三角形的,其主对角线积是 $-(n-1)$,即 $\det(\boldsymbol{C}_n)=-(n-1)$.

对 n 用归纳法来计算 $\boldsymbol{C}_n$ 的积和式, $\boldsymbol{C}_3$ 的积和式显然是2. 假设 $n>3$,且 $\operatorname{per}(\boldsymbol{C}_{n-1})=n-2$,则

$$\operatorname{per}(\boldsymbol{C}_n)=\operatorname{per}(\boldsymbol{C}_n(1\mid n))+\operatorname{per}(\boldsymbol{C}_n(n\mid n))=$$
$$1+n-2=n-1$$

矩阵 $\boldsymbol{X}$ 的一切元素的和为 $\sigma(\boldsymbol{X})$.

定理 16(Minc[23])　如果 $\boldsymbol{A}$ 是几乎可分解的 $n\times n, n\geqslant 3$ (0,1) - 矩阵,则

$$\sigma(A)\leqslant 3(n-1) \tag{2}$$

式(2) 等号成立当且仅当 $\boldsymbol{A}$ p - 等价于 $\boldsymbol{C}_n$.

证明　令 $\widetilde{\boldsymbol{A}}$ 是有形式(1) 且 p - 等价于 $\boldsymbol{A}$ 的矩阵,则

$$\sigma(\boldsymbol{A})=\sigma(\widetilde{\boldsymbol{A}})=\sum_{i=1}^{s}\sigma(\boldsymbol{E}_i)+\sum_{i=1}^{s}\sigma(\boldsymbol{A}_i)=$$
$$s+(s-1)+\sigma(\boldsymbol{A}_s)=2s-1+\sigma(\boldsymbol{A}_s)$$

对 n 用归纳法进行证明. 如果 A_s 是 1×1 的,则 $s=n$, $\widetilde{\boldsymbol{A}}=\boldsymbol{I}_n+\boldsymbol{P}_n$,且

$$\sigma(\boldsymbol{A})=2n-1+1=2n\leqslant 3n-3$$

其中等号成立当且仅当 $n=3$. 容易看出,矩阵 $\boldsymbol{I}_3+\boldsymbol{P}_3$ p - 等价于 $\boldsymbol{C}_3$.

按引理 5, 子矩阵 $\boldsymbol{A}_s$ 不能是 2×2 的. 假设 $n-$

$s+1\geqslant 3$,则按归纳假设

$$\sigma(\boldsymbol{A})=2s-1+\sigma(\boldsymbol{A}_s)\leqslant$$
$$2s-1+3((n-s+1)-1) \qquad (3)$$
$$3n-s-1\leqslant 3(n-1)(因\ s\geqslant 2) \qquad (4)$$

式(2)等号成立当且仅当不等式(3)和(4)是等式.即当且仅当 $s=2$ 和 $\sigma(\boldsymbol{A}_s)=3((n-s+1)-1)$,并且按归纳假设,子矩阵 $\boldsymbol{A}_s$(即 $\boldsymbol{A}_2$)p - 等价于 $\boldsymbol{C}_{n-1}$.由此推出 $\boldsymbol{A}$ p - 等价于

$$\boldsymbol{C}=\begin{pmatrix} 1 & \cdots & 1 & 0 & \cdots & 0 \\ \vdots & \cdots & \cdots & \cdots & \cdots & \cdots \\ 1 & \vdots & & & & \\ 0 & \vdots & & & & \\ \vdots & \vdots & & \boldsymbol{C}_{n-1} & & \\ 0 & 1 & & & & \end{pmatrix} \qquad (5)$$

矩阵 $\boldsymbol{C}$ 显然 p - 等价于 $\boldsymbol{C}_n$.注意:$\boldsymbol{E}_1$ 和 $\boldsymbol{E}_2$ 的1必在(1,2)和(2,1)上,因为,如果 $\boldsymbol{E}_1$ 有1在$(1,j)(j\geqslant 3)$上,则 $\boldsymbol{C}-\boldsymbol{E}_{2j}$ 会是完全不可分解的,便与 $\boldsymbol{C}$ 是几乎可约的事实相矛盾.同理,E_2 没有1在$(i,1)(i\geqslant 3)$位置上.

推论6 一个 $n\times n$ 几乎可分解的非负矩阵至少有 n^2-3n+3 个零元素.

例8 证明:对任意的 $n\geqslant 3$ 和满足 $2n\leqslant N\leqslant 3(n-1)$ 的 N,存在一个有 N 个正元素的几乎可分解的 $n\times n(0,1)$ - 矩阵.

证明 设 $\boldsymbol{G}_N^n$ 是所要求的矩阵,如果 $N=3(n-1)$,取 $\boldsymbol{G}_N^n=\boldsymbol{C}_s$,引理6(b)的矩阵.如果 $N=2n$,取 $\boldsymbol{G}_N^n=\boldsymbol{I}_n+\boldsymbol{P}_n$.如果 $2n<N<3(n-1)$.取

$\boldsymbol{G}_n^n=$

$$\begin{pmatrix} 1 & 1 & 0 & \cdots & 0 & 0 & & & \\ 0 & 1 & 1 & \cdots & 0 & \vdots & & \boldsymbol{O} & \\ \vdots & \ddots & \ddots & 1 & 1 & 0 & & & \\ 0 & \cdots & & 0 & 1 & \vdots & 1 & 0 & \cdots \\ \hline 1 & 0 & & \cdots & \cdots & & & & \\ 0 & & & & & \vdots & & & \\ \vdots & & \boldsymbol{O} & & & & & \boldsymbol{C}_{n-s+1} & \\ 0 & & & & & & & & \end{pmatrix}$$

其中 $s = 3n - N - 1$,且左上角的块是 $(s-1) \times (s-1)$ 的. 注意,$3 \leqslant n - s + 1 \leqslant n - 2$. 显然,$\boldsymbol{G}_N^n$ 是几乎可分解的,且

$$\sigma(\boldsymbol{G}_N^n) = 2s - 1 + \sigma(\boldsymbol{C}_{n-s+1}) =$$
$$2s - 1 + 3(n - s) = 3n - s - 1 =$$
$$3n - 1 - (3n - 1 - N) = N$$

定理 17　如果 A 是几乎可约的 $n \times n(0,1)$ - 矩阵,$n \geqslant 2$,则

$$\sigma(A) \leqslant 2(n-1)$$

定理 17 的证明类似于 16 的证明.

6. (0,1) - 矩阵积和式的界

在 1 中,我们介绍了子集组态的关联矩阵及其不同表示序列(SDR)的概念. 在那里我们见到一个 SDR 对应于关联矩阵的一条正对角线,因此,一个组态的 SDR 的数目就等于它的关联矩阵的积和式. 不幸的是,不存在计算积和式的有效方法. 一般来说,对大矩的积和式的计算,甚至使用计算机也是不可能的. 在此情况下,我们应该满足于求积和式的界.

我们首先重述 Frobenius - Kǒnig 定理(定理 3),作为 SDR 存在的一个条件.

定理 18 n 元集的 m 个子集的组态($m \leqslant n$),有一个 SDR 当且仅当该组态的关联矩阵不含有 $s \times (n-s+1)$ 零子矩阵,$1 \leqslant s \leqslant m$.

推论 7(Minc[24]) 如果在一个 n 元集的 m 个子集的组态中($m \leqslant n$),每一个子集至少包含 m 个元素,则该组态有 SDR. 换言之,如果一个 $m \times n$ (0,1) - 矩阵($m \leqslant n$)的 1 个行和大于或等于 m,则它的积和式大于或等于 1.

此推论是 Frobenius - Kǒnig 定理的一个明显推论. 因为,如果矩阵的积和式为零,则矩阵含有一个 $s \times (n-s+1)$ 零子矩阵. 但由于该子矩阵至多有 $n-m$ 个列且 $s \leqslant m$,就会引出矛盾.

关于组态的 SDR 个数的第一个重要的下界 1948 年由 Hall[11] 获得,这里我们按积和式的观点并以 Mann 和 Ryser[19] 首先提出的稍稍扩展了的形式来叙述它.

定理 19 设 $\boldsymbol{A}$ 是每行至少有 t 个 1 的 $m \times n(0,1)$ - 矩阵,$m \leqslant n$,则当 $t \geqslant m$ 时

$$\mathrm{Per}(\boldsymbol{A}) \geqslant \frac{t!}{(t-m)!}$$

当 $t \leqslant m$ 且 $\mathrm{Per}(\boldsymbol{A}) > 0$ 时

$$\mathrm{Per}(\boldsymbol{A}) \geqslant t!$$

证明 根据推论 7,我们可假设对一切满足 $0 < t \leqslant n$ 的 t 值有,$\mathrm{Per}(\boldsymbol{A}) > 0$. 对 m 使用归纳法,如果 $m=1$,则 $t \geqslant m$ 且 $\mathrm{Per}(\boldsymbol{A}) = t = \frac{t!}{(t-m)!}$. 现在假设 $m > 1$ 且对少于 m 行的一切矩阵定理成立. 由于 $\boldsymbol{A}$ 的

积和式是正的,矩阵不能包含 $k\times(n-k+1)$ 零子矩阵. 于是 $\boldsymbol{A}$ 的每个 $k\times n$ 子阵至少包含 k 个非零列. 首先,假设对某个 $h,1\leqslant h\leqslant m-1$,$A$ 有一个恰好有 $n-k$ 个零列的 $h\times n$ 子阵,即 $\boldsymbol{A}p$ - 等价于

$$h\begin{pmatrix} \overset{h}{\hat{\boldsymbol{B}}} & \boldsymbol{O} \\ \boldsymbol{C} & \boldsymbol{D} \end{pmatrix} \tag{1}$$

此矩阵的前 h 行的 t 个元素必包含在 $\boldsymbol{B}$ 中,这样一来,$\boldsymbol{B}$ 的每行至少有 t 个 1,且 $t\leqslant h\leqslant m-1$,另外

$$\operatorname{Per}(\boldsymbol{A})=\operatorname{Per}(\boldsymbol{B})\operatorname{Per}(\boldsymbol{D})>0$$

因此 $\operatorname{Per}(\boldsymbol{B})>0$ 和 $\operatorname{Per}(\boldsymbol{D})>0$,按归纳假设,$\operatorname{Per}(\boldsymbol{B})\geqslant t!$ 从而

$$\operatorname{Per}(\boldsymbol{A})=\operatorname{Per}(\boldsymbol{B})\cdot\operatorname{Per}(\boldsymbol{D})\geqslant t!\ \operatorname{Per}(\boldsymbol{D})\geqslant t!$$

如果 $\boldsymbol{A}$ 不是 p - 等价于形如(1)的一个矩阵,则 $\boldsymbol{A}$ 的每个 $k\times n$ 子矩阵($1\leqslant k\leqslant m-1$)至少有 $k+1$ 个非零列,从而 $\boldsymbol{A}$ 的每个 $k\times(n-1)$ 子矩阵至少有 k 个非零列. 按定理 3,每个 $(m-1)\times(n-1)$ 子矩阵 $\boldsymbol{A}(s\mid t)$ 有正积和式. 另外 $\boldsymbol{A}(s\mid t)$ 的每个行至少有 $t-1$ 个 1. 于是按归纳假设

$$\operatorname{Per}(A(s\mid t))\geqslant\begin{cases}(t-1),\text{当 } t-1\leqslant m-1\\ \dfrac{(t-1)!}{(t-m)!},\text{当 } t-1\geqslant m-1\end{cases} \tag{2}$$

但当 $t\leqslant m$ 时,$t-1\leqslant m-1$,当 $t\geqslant m$ 时,$t-1\geqslant m-1$. 因此,当 $t\leqslant m$,有

$$\operatorname{Per}(\boldsymbol{A})=\sum_{j=1}^{n}a_{1j}\operatorname{Per}(\boldsymbol{A}(1\mid j))\geqslant\sum_{j=1}^{n}a_{1j}(t-1)!=(t-1)!\ \sum_{j=1}^{n}a_{1j}\geqslant t!$$

其中用了不等式 $\sum_{j=1}^{n} a_{1j} \geqslant t$. 同理,当 $t \geqslant m$,有

$$\operatorname{per}(\boldsymbol{A}) \geqslant \sum_{j=1}^{n} \frac{a_{1j}(t-1)!}{(t-m)!} = \left(\frac{(t-1)!}{(t-m)!}\right)\sum_{j=1}^{n} a_{1j} \geqslant \frac{t!}{(t-m)!}$$

注意:在定理 19 中条件 $\operatorname{Per}(\boldsymbol{A}) > 0$ 是必需的. 即使一个 $m \times n(0,1)$ - 矩阵的每个行和是 $n-1$,它的积和式也可能为零. 当然,判定一个$(0,1)$ - 矩阵的积和式是否为零不是件容易事,算出它,其实需要 $0(h^{\frac{5}{2}})$ 次计算[14]. 如果矩阵碰巧是方的和完全不可分解的,则其积和式是正的. 但在一般情况下,确定矩阵是否是完全可分解的同确定它的积和式是否为零一样的困难. 尽管如此,关于完全不可分解的$(0,1)$ - 矩阵积和式的其他下界是可利用的.

定理 20(Minc[22]) 如果 $\boldsymbol{A} = (a_{ij})$ 是完全不可分解的 $n \times n(0,1)$ - 矩阵,则

$$\operatorname{per}(\boldsymbol{A}) \geqslant \sigma(\boldsymbol{A}) - 2n + 2 \qquad (3)$$

其中 $\sigma(\boldsymbol{A})$ 表示 $\boldsymbol{A}$ 的一切元素的和.

证明 首先,假设 A 是几乎可分解的. 对 n 使用归纳法,对于几乎分解矩阵,当 $n = 1,2,3$,时,不等式(3)成为等式,假设当 $3 < m < n$ 时,对于几乎可分解的 $m \times m(0,1)$ - 矩阵定理成立. 令 $\boldsymbol{P}$ 和 $\boldsymbol{Q}$ 是置换矩阵,使得 $\boldsymbol{B} = \boldsymbol{PAQ}$ 为第 5 节中的标准形式(1),假设 A_s 是 $ns \times ns$ 的,其中 $1 \leqslant ns < n$,由于 A_s 是完全不可分解的,按归纳假设

$$\mathrm{per}(\boldsymbol{A}_s) \geqslant \sigma(\boldsymbol{A}_s) \geqslant \sigma(\boldsymbol{A}_s) - 2n_s + 2$$

但

$$n_s = n - (s - 1)$$

$$\sigma(\boldsymbol{A}_s) = \sigma(\boldsymbol{B}) - s - (s - 1) = \sigma(\boldsymbol{A}) - 2s + 1$$

从而

$$\mathrm{per}(\boldsymbol{A}_s) \geqslant \sigma(\boldsymbol{A}) - 2s + 1 - 2(n - s + 1) + 2 = \sigma(\boldsymbol{A}) - 2n + 1 \tag{4}$$

$\boldsymbol{E}_1$ 的 1 位于 B 的 $(1,j)$ 位置，按第 1 行展开 B 的积和式，得

$$\mathrm{per}(\boldsymbol{B}) = \mathrm{per}(\boldsymbol{B}(1 \mid 1)) + \mathrm{per}(\boldsymbol{B}(1 \mid j) \geqslant \mathrm{per}(\boldsymbol{A}_s) + 1 \quad (\text{用定理 } 11)$$

因此

$$\mathrm{per}(\boldsymbol{A}) = \mathrm{per}(\boldsymbol{B}) \geqslant \mathrm{per}(\boldsymbol{A}_s) + 1 \geqslant \sigma(\boldsymbol{A}) - 2n + 1 \quad (\text{用(4)})$$

现在假设 $\boldsymbol{A}$ 是完全不可分解的，但不是几乎可分解的. 则存在 $\boldsymbol{A}$ 的一个元素 $a_{i_1j_1}$，使得 $\boldsymbol{A} - \boldsymbol{E}_{i_1j_1}$ 是完全不可分解的 $(0,1)$ - 矩阵，如果 $\boldsymbol{A} - \boldsymbol{E}_{i_1j_1}$ 不是几乎可分解的，则必存在 $\boldsymbol{A} - \boldsymbol{E}_{i_1j_1}$ 的一个元素 $a_{i_1j_2} = 1$，使得 $\boldsymbol{A} - \boldsymbol{E}_{i_1j_1} - \boldsymbol{E}_{i_2j_2}$ 是完全不可分解的，如此继续下去，最后必能求得一个几乎可分解的 $(0,1)$ - 矩阵 $\boldsymbol{C}$，满足

$$\boldsymbol{A} = \boldsymbol{C} + \sum_{t=1}^{m} \boldsymbol{E}_{i_tj_t}$$

按推论 5

$$\mathrm{per}(\boldsymbol{A}) \geqslant \mathrm{per}(\boldsymbol{C}) + m$$

把不等式(3)用于几乎可分解的 $(0,1)$ - 矩阵 $\boldsymbol{C}$，并注意 $\sigma(\boldsymbol{A}) = \sigma(\boldsymbol{C}) + m$，即得

$$\mathrm{per}(\boldsymbol{A}) \geqslant \sigma(\boldsymbol{C}) - 2n + 2 + m = \sigma(\boldsymbol{A}) - 2n + n$$

定理 20 中所证明的积和式的下界在下列意义下是最好的：对于每个 $n \geqslant 3$ 及每个满足 $2n \leqslant N \leqslant 3(n-1)$ 的 N，存在几乎可分解的 $n \times n(0,1)$ – 矩阵 $\boldsymbol{A}$，使得 $\sigma(\boldsymbol{A}) = N$，且 $\operatorname{per}(\boldsymbol{A}) = \sigma(\boldsymbol{A}) - 2n + 2$[26]. 不过，如果关于矩阵有更多信息可利用的话，则定理 20 的界还可以改进. Gibson[10] 使用定理 19 的 Hall 不等式得到定理 20 的 Minc 不等式的如下改进.

定理 21 如果 $\boldsymbol{A}$ 是每行至少有 t 个 1 的 $n \times n$ 完全不可分解矩阵，则

$$\operatorname{per}(\boldsymbol{A}) \geqslant \sigma(\boldsymbol{A}) - 2n + 2 + \sum_{i=1}^{t-1}(i! - 1) \quad (5)$$

证明 对 t 使用归纳法. 如果 $t = 1$ 或 2，则不等式 (5) 化成不等式(3). 假设 $t \geqslant 3$ 且对一切的 $k < t$ 式 (5) 成立. 由于 $\boldsymbol{A}$ 的每行至少有 t 个 1. 由定理 16 得，$\boldsymbol{A}$ 不是几乎可分解的，从而，必存在位置(p,q) 使得 $a_{pq} = 1$，$\boldsymbol{B} = \boldsymbol{A} - \boldsymbol{E}_{pq}$ 是完全不可分解的. 且其每行至少有 $t-1$ 个 1. 按归纳法假设

$$\operatorname{per}(\boldsymbol{B}) \geqslant \sigma(\boldsymbol{A}) - 2n + 1 + \sum_{i=1}^{t-2}(i! - 1) \quad (6)$$

现在，$\operatorname{per}(\boldsymbol{A}) = \operatorname{per}(\boldsymbol{B}) + \operatorname{per}(\boldsymbol{A}(p \mid q)$. 因为 $\boldsymbol{A}$ 是完全不可分解的. $\boldsymbol{A}(p \mid q)$ 的积和式是正的，且 $\boldsymbol{A}(p \mid q)$ 的每个行和至少是 $t-1$，因此，按定理 19

$$\operatorname{per}(\boldsymbol{A}(p \mid q)) \geqslant (t-1)! \quad (7)$$

最后结果由式(6) 和(7) 推出.

作为这一节的结尾讨论关于(0,1) – 矩阵积和式的上界. 这个界值的推测及在特殊情形下的证明由 Minc[21] 给出，Brègman[3] 给出其完全的证明. 下面给出的一个优美的证明属于 Schrijver[27]. 从两个预备结

果开始. 以 r_i 表示 $n\times n$ 矩阵 $\boldsymbol{A}=(a_{ij})$ 的第 i 个行和，即

$$r_i=\sum_{j=1}^{n}a_{ij},i=1\cdots,n$$

引理 7　如果 $t_1,\cdots,t_n$ 是非负实数，则

$$\left(\frac{1}{n}\sum_{k-1}^{n}t_k\right)^{\sum t_k}\leqslant\prod_{k=1}t_k^{t_k}\tag{8}$$

上式左边指数的求和号指对 k 从 1 到 n 求和并约定 0^0 表示 1.

本引理是函数 $x\log x$ 的凸性的一个直接推论. 因为

$$\left(\frac{1}{n}\sum_{k=1}^{n}t_k\right)\log\left(\frac{1}{n}\sum_{k=1}^{n}t_k\right)\leqslant\frac{1}{n}\sum_{x=1}^{n}t_k\log t_k$$

此式两边乘以 n 后再取指数即得式(8).

引理 8　设 $\boldsymbol{A}=(a_{ij})$ 是有正积和式的 $n\times n(0,1)$ - 矩阵，S 是对应于 $\boldsymbol{A}$ 的正对角线的置换的集合. 即 $\sigma\in S$ 当且仅当 $\prod\limits_{i=1}^{n}a_{i\sigma_i}=1$，则有

$$\prod_{i=1}^{n}\prod_{a_{ik}^{k}=1}(\operatorname{per}(\boldsymbol{A}(i\mid k)))^{\operatorname{per}(\boldsymbol{A}(i\mid k))}=\prod_{\sigma\in s}\prod_{i=1}^{n}\operatorname{per}(\boldsymbol{A}(i\mid\sigma_i))\tag{9}$$

和

$$\prod_{i=1}^{h}r_i^{\operatorname{per}(\boldsymbol{A})}=\prod_{\sigma\in s}\prod_{i=1}^{n}r_i\tag{10}$$

证明　对于给定的 i 和 k，在式(9)左边因子 $\operatorname{per}(\boldsymbol{A}(i\mid k))$ 的个数当 $a_{ik}=1$ 时是 $\operatorname{per}(\boldsymbol{A}(i\mid k))$，否则是 0. 而在式(9)右边因子 $\operatorname{per}(\boldsymbol{A}(i\mid k))$ 的数目等于 S 中满足 $\sigma_i=k$ 的置换 σ 的个数. 该数是 $\operatorname{per}(\boldsymbol{A}(i\mid$

k)) 或者是 0 按 $a_{ik}=1$ 或 $a_{ik}=0$ 而定.

不难看出,对于给定的 i,式(10) 两边因子 r_1 的个数都是 per($\boldsymbol{A}$).

定理 22 设 $\boldsymbol{A}=(a_{ij})$ 是行和为 $r_1,\cdots,r_n$ 的 $n\times n(0,1)$ - 矩阵,则

$$\operatorname{per}(\boldsymbol{A})\leqslant\prod_{i=1}^{n}(r_i!)^{\frac{1}{r_i}}$$

证明(Schrijver[26]) 对 n 用归纳法. 按引理 7

$$(\operatorname{per}(\boldsymbol{A}))^{n\operatorname{per}(\boldsymbol{A})}=\prod_{i=1}^{n}(\operatorname{per}(\boldsymbol{A}))^{\operatorname{per}(\boldsymbol{A})}=$$

$$\prod_{i=1}\Big(\sum_{k=1}^{n}a_{ik}\operatorname{per}(\boldsymbol{A}(i\mid k))\Big)^{\sum a_{ik}\operatorname{Per}(\boldsymbol{A}(i\mid k))}\leqslant$$

$$\prod_{i=1}^{n}\Big(r^{i\operatorname{per}(\boldsymbol{A})}\prod_{a_{jk}=1}\operatorname{per}\boldsymbol{A}(i\mid k)^{\operatorname{per}(\boldsymbol{A}(i\mid k))}\Big)$$

进而,按定理 19

$$(\operatorname{per}(\boldsymbol{A}))^{n\operatorname{per}(A)}\leqslant\prod_{\sigma\in s}\Big(\Big(\prod_{i=1}^{n}r_i\Big)\Big)\Big(\prod_{i=1}^{n}\operatorname{per}(\boldsymbol{A}(i\mid\sigma_i))\Big)$$

现在对每个 $\boldsymbol{A}(i\mid\sigma_i)$ 应用归纳假设

$$\prod_{i=1}^{n}\operatorname{per}\boldsymbol{A}(i\mid\sigma_i)\leqslant\prod_{i=1}^{n}\Big(\prod_{\substack{j\neq 1\\ a_{j\sigma_i}=0}}r_j!^{\frac{1}{r_i}}\Big)\times$$

$$\Big(\prod_{\substack{j\neq 1\\ a_{j\sigma_i}=1}}(r_j-1)!^{\frac{1}{(r_j-1)}}\Big)=$$

$$\prod_{j=1}^{n}\Big(\prod_{\substack{i\neq j\\ a_{j\sigma_i}=1}}r_j!^{\frac{1}{r_j}}\Big)\times$$

$$\Big(\prod_{\substack{i\neq j\\ a_{j\sigma_i}=1}}(r_j-1)!^{\frac{1}{(rj-1)}}\Big)=$$

$$\prod_{j=1}^{n} r_j!^{\frac{(n-r_j)}{r_j(r_j-1)}}!^{\frac{(r_j-1)}{(r_j-1)}}$$

上面第一个等式成立刚好是交换乘法次序的结果，第二个等式由计算因子 $r_j!^{\frac{1}{r_j}}$ 和因子 $(r_j-1)!^{\frac{1}{(r_j-1)}}$ 的个数得到的. 显然，对固定的 σ 和 j，满足 $i \neq j$ 和 $a_{j\sigma_i}=0$ 的 i 的个数是 $n-r_j$，满足 $i \neq j$ 和 $a_{j\sigma_i}=1$ 的 i 的个数是 r_j-1（因为 $a_{j\sigma_i}=1$）因此

$$(\operatorname{per}(\boldsymbol{A}))^{n\operatorname{per}(\boldsymbol{A})} \leqslant \prod_{\sigma \in s}\left(\left(\prod_{i=1}^{n} r_i\right)\left(\prod_{j=1}^{n} r_j!^{\frac{(n-r_j)}{r_j}} \times (r_j-1)!\right)\right) = \prod_{\sigma \in s}\left(\prod_{i=1}^{n} r_j!^{\frac{n}{r_j}}\right) = \left(\prod_{i=1}^{n} r_i!^{\frac{1}{r_i}}\right)^{n\operatorname{per}(\boldsymbol{A})}$$

从而得出所需结论.

参考文献

[1] AHARONI R. On a theorem of Denes Kŏnig[J]. Linear and multilnear Algebra, 1976(4): 31-32.

[2] BERGE C. The Theory of Graphs[M]. London: Methuen, 1962.

[3] BREGMAN L M. Certain properties of nonnegative matrices and their Permanents[J], Dokl. Akad. Nauk. SSSR, 1973(211): 27-30.

[4] BRUALDI R, PARTER S, SEHNEIDER H. The diagonal equivalence of a nonnegative matrix to a stochastic matrix[J]. J. Math. Anal. Appl., 1966(16), 31-50.

[5] DE BRUIJN N G, ERDOS P. On a combinatorial problem[J]. Indag Math. ,10(1948),421-433.

[6] DULMAGE A L, MENDELSOHN N S. Graphs and matrices, Graph Theory and Theoretical physics[M]. London: Academic Press, 1967.

[7] EROBENIUS G. Uber Matrizen aus nicht negati ven Elementen[M], Berlin: S. – B. K. Preuss Akad. Wiss. , 1912.

[8] FROBENIUS G. Uberzerlezbare Determinanten [M]. Berlin: S – B. K. Preuss. Akad. Wiss. , 1917.

[9] GIBSON P M. A lower bound for the permanent of a (0,1)-matrix[J]. Proc. Amer. Math. Soc. , 1972(33):245-246.

[10] HALL M, Jr. Distinct representatives of subsets[J]. Bull. Amer. Math. Soc. , 1948(54):922-926.

[11] HARARY F. Determinants, permanents and bipartite graphs[J]. Math. Mag. ,1969(42): 146-148.

[12] HARTFIEL D J. A simplified form for nearly reducible and nearly decomposable matrices[J], Proc. Amer. Math. Soc. ,1970(24),388-393.

[13] HOPEROFT J E. , KARP R M. An $n^{5/2}$ algorithm for maximum matchings in bipartite graphs[J], Siam J Comput, 1973(2):225-231.

[14] KŎNIG D. Vonalrendszerek ès determinánsok(Graphs and determinants)[J]. Mat. Természettud

Ertesitŏ33,1915:221-229.

[15] KŎNIG D. Theorie der endlichen and unenlichen[M]. Leipzig:Graphen Akade mische verlagsgescllschaft, 1936.

[16] LEWIN M. On nonnegative matrices[J]. Pacific J. Math. ,1971(36),753-759.

[17] LEWIN M. On exponents of primitive matrices[J]. Numer. Math. ,1971,72(18): 154-161.

[18] MANN H B,RYSER H H. Systems of distinct representations[J]. Amer. Math. Monthly, 1953(60):397-401.

[19] MARCUS M, MINC H. Disjoint pairs of sets and incidence matridces[J]. Illinois J. Math. , 1963(7):137-147.

[20] MINC H. Upper bounds for permanents of(0,1) -matrices[J]. Bull. Amer. Math. Soc. , 1963(69):789-791.

[21] MINC H. On lower bounds for Permanents of(0, 1)-matrices[J]. Proc. Amer. Math. Soc. , 1969(22):117-123.

[22] MINC H. Nearly decomposable matrices[J]. Linear Algebra Appl. ,1972(5):181-187.

[23] MINC H. A remark on a theorem of M Hall[J]. Canad. Math. Bull. ,1974(18):547-548.

[24] MINC H. Permanents Encyclopedia of Mathematics and Its Applications [M]. Addison-wesley, 1978.

[25] ROBERTS E J. The fully indecomposable matrix and its associated bipartite graph – an investigation of combinatorial and structural properties[D]. Texas:University of Houston, 1970.

[26] SCHRIJVER A. A short proof of Minc's conjecture[J]. J. Combin Theory Ser A, 1978(25),80-81.

[27] SINKHORN R.,KNOPP P. Problems involving diagonal products in nonnegative matrices[J], Trans. Amer. Math. Soc.,1969(136):67-75.

[28] VARGA R S. Matrix Iterative Analysis[M], Englewood Cliffs: N. J. Prentice-Hall, 1962.

第三编

双随机矩阵

定义与早期结果

第8章

本章研究双随机矩阵，这是在数学和物理科学的许多领域如线性代数、不等式论、矩阵组合论、组合学、概率论、物理化学等等，有着重要应用一类非负矩阵.

定义1　实矩阵称为拟双随机的，如果它的每个行和与列和都是1. 非负的拟双随机矩阵称为双随机的. $n\times n$ 双随机矩阵的集合记为 $\boldsymbol{Q}_n$.

显然，拟双随机矩阵必是方的，从定义可得，$n\times n$ 矩阵 $\boldsymbol{A}$ 是拟双随机的当且仅当1是 $\boldsymbol{A}$ 的特征值(1，…，1) 是 $\boldsymbol{A}$ 和 $\boldsymbol{A}^{\mathrm{T}}$ 的对应于该特征值的特征向量，这样，非负 $n\times n$ 矩阵 $\boldsymbol{A}$ 是双随机的当且仅当

$$\boldsymbol{A}\boldsymbol{J}_n=\boldsymbol{J}_n\boldsymbol{A}=\boldsymbol{J}_n$$

其中 $\boldsymbol{J}_n$ 是一切元素是$\frac{1}{n}$的 $n \times n$ 矩阵.

我们从 Kŏing[8] 和 Schur[23] 的两个有趣的早期结果开始讨论.

定理 1(Kŏnig[8]) 每个双随机矩阵都有正对角线.

证明 如果 $\boldsymbol{A} \in \boldsymbol{Q}_n$ 没有正对角线,则 $\boldsymbol{A}$ 的积和式成为零,从而按 Frobenius – Kŏnig 定理,存在置换矩阵 $\boldsymbol{P}$ 和 $\boldsymbol{Q}$ 使得

$$\boldsymbol{PAQ} = \begin{pmatrix} \boldsymbol{B} & \boldsymbol{C} \\ \boldsymbol{O} & \boldsymbol{D} \end{pmatrix}$$

其中左下角的零块是 $p \times q$ 的,$p + q = n + 1$. 令 $\sigma(\boldsymbol{X})$ 表示矩阵 X 的元素的和,则

$$n = \sigma(\boldsymbol{PAQ}) \geqslant \sigma(\boldsymbol{B}) + \sigma(\boldsymbol{D}) = p + q = n + 1$$

这个矛盾证明定理成立.

推论 1 双随机矩阵的积和式是正的.

定理 2(Schur[23]) 设 $\boldsymbol{H} = (h_{ij})$ 是有特征值 $\lambda_1, \cdots, \lambda_n$ 的 $n \times n$ 埃米特矩阵,并且 $\boldsymbol{h} = (h_{11}, \cdots, h_{nn})^{\mathrm{T}}$ 和 $\boldsymbol{\lambda} = (\lambda_1, \cdots, \lambda_n)^{\mathrm{T}}$,则存在双随机矩阵 $\boldsymbol{S}$,使得 $\boldsymbol{h} = \boldsymbol{S\lambda}$.

证明 令 $\boldsymbol{U} = (u_{ij})$ 是酉矩阵,使得

$$\boldsymbol{H} = \boldsymbol{U}\mathrm{diag}(\lambda_1, \cdots, \lambda_n)\boldsymbol{U}^*$$

则

$$h_{ii} = \sum_{t=1}^{n} u_{it}\lambda^t \overline{u}_{it} = \sum_{t=1}^{n} | u_{it} |^2 \lambda_t = \sum_{t=1}^{n} S_{it}\lambda_t, i = 1, \cdots, n$$

其中 $S_{it}\mid u_{it}\mid^2 i,t=1,\cdots,n$. 显然,$n\times n$ 矩阵 $\boldsymbol{S}=(s_{ij})$ 是双随机的. 结论得证.

定义2　(1)$n\times n$ 矩阵 $\boldsymbol{A}=(a_{ij})$ 称为正交随机的,如果存在(实)正交矩阵 $\boldsymbol{T}=(t_{ij})$ 使得 $a_{ij}=t_{ij}^2(i,j=1,\cdots,n)$.

(2)$n\times n$ 矩阵 $\boldsymbol{A}=(a_{ij})$ 称为 Schur 随机的(或酉随机的),如果存在酉矩阵 $\boldsymbol{U}=(u_{ij})$,使得对一切的 i 和 j 有 $a_{ij}=\mid u_{ij}\mid^2$.

定理 2 的矩阵 $\boldsymbol{S}$ 是 Schur 随机的. 显然,每个正交随机矩阵是 Schur 随机的;每个 Schur 随机矩阵是双随机的. 反之,并非每个双随机矩阵是 Schur 随机的,也并非每个 Schur 随机矩阵是正交随机的.

例1　(1) 双随机矩阵

$$\boldsymbol{A}=(a_{ij})=\frac{1}{2}\begin{pmatrix}0&1&1\\1&0&1\\1&1&0\end{pmatrix}$$

不是Schur随机的,因为,如果 $\boldsymbol{U}=(u_{ij})$ 是任意 3×3 矩阵,使得 $a_{ij}=\mid u_{ij}\mid^2(i,j=1,2,3)$. 则 $u_{11}=u_{22}=u_{33}=0$. 但由于 u_{13} 和 $\overline{u}_{23}$ 的模都是$\frac{1}{\sqrt{2}}$,$u_{11}\overline{u}_{21}+u_{12}\overline{u}_{22}+u_{13}\overline{u}_{23}=u_{13}\overline{u}_{23}\neq 0$,这样,$\boldsymbol{U}$ 不能是酉的,$\boldsymbol{A}$ 不是 Schur 随机的.

(2) 双随机矩阵 $\boldsymbol{J}_3$ 是 Schur 随机的,因为,如果 $\boldsymbol{U}=(u_{ij})$ 是酉矩阵

$$\frac{1}{\sqrt{3}}\begin{pmatrix}1&1&1\\1&\theta&\theta^2\\\theta&1&\theta^2\end{pmatrix}$$

其中 θ 是 1 的三次原根,则 $\mid u_{ij}\mid^2=\frac{1}{3}$,对一切的 i,j.

然而,$\boldsymbol{J}_3$ 不是正交随机的,因为如果 $\boldsymbol{T}=(t_{ij})$ 是实 3×3 矩阵,使得 $t_{ij}^2=\dfrac{1}{3}$ 对一切的 i,j. 则 $t_{11}t_{21}+t_{12}t_{22}+t_{13}t_{23}$ 不能为零(它等于 -1,或 $-\dfrac{1}{3}$,或$\dfrac{1}{3}$,或 1),从而,$\boldsymbol{T}$ 不是正交的.

我们指出,双随机矩阵的下一性质.

引理 1 双随机矩阵的积是双随机的.

因为,如果 $\boldsymbol{A}$ 和 $\boldsymbol{B}$ 是双随机 $n\times n$ 矩阵,(从而 $\boldsymbol{AJ}_n=\boldsymbol{J}_nA=\boldsymbol{BJ}_n=\boldsymbol{J}_nB=\boldsymbol{J}_n$),则它们的积是非负的,并且

$$(\boldsymbol{AB})\boldsymbol{J}_n=\boldsymbol{A}(\boldsymbol{BJ}_n)=\boldsymbol{AJ}_n=\boldsymbol{J}_n$$

$$\boldsymbol{J}_n(\boldsymbol{AB})=(\boldsymbol{J}_n\boldsymbol{A})\boldsymbol{B}=\boldsymbol{J}_n\boldsymbol{B}=\boldsymbol{J}_n$$

因此,$\boldsymbol{AB}$ 是双随机的. 不难看出,结论对于任意个双随机矩阵的积也成立.

定义 3 有 $n-2$ 个主对角线元素等于1 的对称双随机 $n\times n$ 矩阵叫做初等双随机矩阵,换言之,$\boldsymbol{A}=(a_{ij})\in\Omega$ 是初等的,如果对某个整数 $s,t,1\leqslant s<t\leqslant n$,实数 θ 满足 $0\leqslant\theta\leqslant 1$,$a_{ss}=a_{tt}=1-\theta$,$a_{st}=a_{ts}=\theta$,其余 $a_{ij}=\delta_{ij}$.

由引理 1 可以得到初等双随机矩阵的积是双随机的. 然而,其逆不真:并非每个双随机矩阵可以表示为初等双随机矩阵的积. 例如,例 1(1) 的双随机矩阵 $\boldsymbol{A}$ 既不是初等双随机矩阵,也不是这种矩阵的积.

可约的和非本原的不可约双随机矩阵有特殊的结构性质.

定理 3 可约的双随机矩阵同步于双随机矩阵的直和.

证明 设 $\boldsymbol{A}$ 是可约的 $n\times n$ 双随机矩阵,则 $\boldsymbol{A}$ 同步于下形矩阵

$$\boldsymbol{B}=\begin{pmatrix}\boldsymbol{X} & \boldsymbol{Y}\\ \boldsymbol{O} & \boldsymbol{Z}\end{pmatrix}$$

其中 $\boldsymbol{X}$ 是 k 阶方阵,$\boldsymbol{Z}$ 是 $n-k$ 阶方阵. 显然,$\boldsymbol{B}$ 是双随机的. $\boldsymbol{B}$ 的前 k 列的元素和 k,且在这些列中一切非零元素包含在 $\boldsymbol{X}$ 中. 因此

$$\sigma(\boldsymbol{X})=k$$

同理,考虑 B 的后 $n-k$ 行,可以推出

$$\sigma(\boldsymbol{Z})=n-k$$

但
$$n=\sigma(\boldsymbol{B})=\sigma(\boldsymbol{X})+\sigma(\boldsymbol{Y})+\sigma(\boldsymbol{Z})=$$
$$k+\sigma(\boldsymbol{Y})+n-k=n+\sigma(\boldsymbol{Y})$$

因此
$$\sigma(\boldsymbol{T})=0$$

于是
$$\boldsymbol{Y}=\boldsymbol{0}$$

即 $\boldsymbol{A}$ 同步于 $\boldsymbol{B}=\boldsymbol{X}+\boldsymbol{Z}$,其中 $\boldsymbol{X}$ 和 $\boldsymbol{Z}$ 显然是双随机的.

在上面的证明中,若 $\boldsymbol{X}$ 和 $\boldsymbol{Z}$ 之一又是可约的,则它也同步于一个双随机矩阵的直和. 由此得出下面的结论.

推论 2　一个可约双随机矩阵同步于一些不可约双随机矩阵的直和.

推论 3　双随机矩阵的对应于最大特征值 1 的初等因子是线性的.

同样可以证明下列关于部分可分解的双随机矩阵的类似结果.

推论 4　一个部分可分解的双随机矩阵 p - 等价于一些双随机矩阵的直和.

推论 5　一个部分可分解的双随机矩阵 p - 等价于一些完全不可分解的双随机矩阵的直和.

下列属于 Marcus,Minc 和 Moyls[12] 的定理,描述了非本原不可约的双随机矩阵的结构.

定理 4 设 $\boldsymbol{A}$ 是非本原性指标为 h 的不可约双随机矩阵,则 h 整除 n,且矩阵 $\boldsymbol{A}$ 同步于下形上对角块矩阵

$$\begin{pmatrix} 0 & \boldsymbol{A}_{12} & 0 & \cdots & 0 \\ 0 & 0 & \boldsymbol{A}_{23} & \cdots & 0 \\ \hdashline 0 & 0 & \cdots & 0 & \boldsymbol{A}_{h-1h} \\ A_{h1} & 0 & \cdots & 0 & 0 \end{pmatrix} \tag{1}$$

其所有块都是(n/h)阶方阵.

证明 $\boldsymbol{A}$ 同步于(1)形的分块矩阵,其主对角线上的零块是方的. 显然,块 $\boldsymbol{A}_{12},\boldsymbol{A}_{23},\cdots,\boldsymbol{A}_{h-1h},\boldsymbol{A}_{h1}$ 必全是双随机的,从而是方的. 但这又推出主对角线上的零块有相同的阶,结论于是得证.

推论 6 一个双随机矩阵 p - 等价于一些本原矩阵的直和.

Muirhead 定理与 Hardy, Littlewood 和 Polya 定理

第9章

我们引入下面的符号，如果 $r=(r_1,\cdots,r_n)$ 是一个实 n 元素组，则 $r^*=(r_n^*,\cdots,r_n^*)$ 表示按不增顺序重新排列的 n 元数组 r，$r_1^*\geqslant\cdots\geqslant r_n^*$.

定义 1　非负 n 元数组 $\beta=(\beta_1,\beta_2,\cdots,\beta_n)$ 称为优于非负 n 元数组 $\alpha=(\alpha_1,\alpha_2,\cdots,\alpha_n)$ 记作 $\alpha<\beta$. 如果对于 $k=1,\cdots,n-1$

$$\alpha_1^*+\alpha_2^*+\cdots\alpha_k^*\leqslant\beta_1^*+\beta_2^*\cdots+\beta_k^*$$

且

$$\alpha_1+\alpha_2\cdots+\alpha_n=\beta_1+\beta_2+\cdots+\beta_n$$

在非负 n 元数组的“优于性”这一领域中一个重要而优美的并在不少数学领域有众多应用的结果归功于 Muirhead[22].

定理 1 设 $C=(c_1,\cdots,c_n)$ 是 n 元正数组;$\alpha=(a_1,\cdots,\alpha_n)$ 和 $\beta=(\beta_1,\cdots,\beta_n)$ 是 n 元非负整数组,设 $A(c)$ 和 $B(c)$ 是 $n\times n$ 矩阵,它们的 (i,j) 元数分别是 $C^{\alpha_i j}$ 和 $C^{\beta_i j}$,则 $\alpha\prec\beta$,当且仅当对于一切正 n 元数组 C

$$\mathrm{Per}(\boldsymbol{A}(C))\leqslant\mathrm{Per}(\boldsymbol{B}(C))$$

定理 1 的证明延后到本节末.

Hardy,Littlewood 和 polya 把 Muirhead 定理推广到任意 n 元非负数组,并且还证明了下一结果.

定理 2 设 α 和 β 是实的 n 元非负数组,则 $\alpha\prec\beta$ 当且仅当存在一个双随机 $n\times n$ 矩阵 $\boldsymbol{S}$,使得

$$\alpha=\boldsymbol{S}\beta$$

首先证明下列两个引理.

引理 1 如果 $\alpha=(\alpha_1,\cdots,\alpha_n)$ 和 $\beta=(\beta_1,\cdots,\beta_n)$ 是 n 元非负数组,则

$$\sum_{i=1}^{n}\alpha_i\beta_i\leqslant\sum_{i=1}^{n}\alpha_i^*\beta_i^* \tag{1}$$

证明 不失一般性,可令 $\alpha=\alpha^*$,假设对于某个 $s<t,\beta_s<\beta_t$,则

$$(\alpha_s\beta_t+\alpha_t\beta_s)-(\alpha_s\beta_s+\alpha_t\beta_t)=(\alpha_s-\alpha_t)\times(\beta_t-\beta_s)\geqslant 0$$

换言之,当对换 β_s 与 β_t 时,式(1)左端的和是不减少.经有限次这样的对换后将得到式(1)右端的和.

引理 2 设 k 和 n 是正整数,$k\leqslant n$;$c_1,\cdots,c_n,d_1,\cdots,d_n$ 是非负数,满足 $c_i\leqslant 1,i=1,\cdots,n$

$$\sum_{t=1}^{n}c_i=k \text{ 和 } d_1\geqslant d_2\geqslant\cdots\geqslant d_n\geqslant 0$$

则

$$\sum_{t=1}^{n}c_id_i\leqslant\sum_{i=1}^{k}d_i$$

这个引理直观上几乎是显然的. 尽管如此,这里我们仍给出一个正式的证明.

证明 我们有

$$\sum_{i=1}^{k} d_i - \sum_{t=1}^{n} c_i d_i = \sum_{i=1}^{k} (1 - c_i) d_i - \sum_{i=k+1}^{n} c_i d_i \geqslant \sum_{i=1}^{k} (1 - c_i) d_k - \sum_{i=k+1}^{n} c_i d_k = d_k(k - \sum_{i=1}^{k} c_i) - d_k \sum_{i=k=1}^{n} c_i = 0$$

定理2的证明:令 $\alpha = \boldsymbol{S}\beta$,不失一般性,设 $\alpha = \alpha^*$. 设 k 是任意整数 $1 \leqslant k \leqslant n$,则

$$\sum_{i=1}^{k} \alpha_i^* = \sum_{i=1}^{k} \sum_{j=1}^{n} S_{ij}\beta_j = \sum_{j=1}^{n} c_{kj}\beta_j$$

其中 $c_{kj} = \sum_{i=1}^{k} S_{ij} \leqslant 1$,并且由于 $\sum_{j=1}^{n} c_{kj}$ 是双随机矩阵的前 k 行元素的和,$\sum_{j=1}^{n} c_{kj} = k$. 按引理1和2

$$\sum_{j=1}^{n} c_{kj}\beta_j \leqslant \sum_{j=1}^{n} c_{kj}^* \beta_j^* \leqslant \sum_{j=1}^{n} \beta_j^*$$

因此,对 $k = 1, 2, \cdots, n - 1$,有

$$\sum_{i=1}^{k} \alpha_i^* \leqslant \sum_{i=1}^{k} \beta_1^*$$

然而

$$\sum_{t=1}^{n} \alpha_i = \sum_{i=1}^{n} \sum_{j=1}^{n} S_{ij}\beta_j = \sum_{j=1}^{n} \beta_j \sum_{i=1}^{n} S_{ij} = \sum_{j=1}^{n} \beta_j$$

所以 $\alpha < \beta$.

现在,假设$\alpha < \beta$. 要证明存在一个双随机矩阵$\boldsymbol{S}$,使得$\alpha = \boldsymbol{S}\beta$. 显然,只要对某个$\boldsymbol{S} \in \Omega_n$,证明$\alpha^* = \boldsymbol{S}\beta^*$就够了. 因为,如果$\alpha^* = \boldsymbol{P}\alpha$和$\beta^* = \boldsymbol{Q}\beta$,其中$\boldsymbol{P}$和$\boldsymbol{Q}$是置换矩阵,则$\alpha = (\boldsymbol{P}^{\mathrm{T}}\boldsymbol{S}\boldsymbol{Q})\beta$,$\boldsymbol{P}^{\mathrm{T}}\boldsymbol{S}\boldsymbol{Q} \in \Omega_n$ 因此可以认为$\alpha = \alpha^*$ 和$\beta = \beta^*$,假设$\beta \neq \beta^*$,称$\beta^* - \alpha^*$ 所对应的非零数为α与β的偏离,并以$\delta(\alpha,\beta)$记之. 因为$\alpha^* \neq \beta^*$,显然$\delta(\alpha,\beta) \geqslant 2$. 由于$\sum\limits_{i=1}^{n}(\alpha_i - \beta_i) = 0$,且不是一切差都能为零,故某些差是正的而某些差是负的. 设t是使得$\alpha_t > \beta_t$成立的最小下标;s是小于t的使$\alpha_s < \beta_s$成立的最大下标. 于是,有

$$\alpha_s < \beta_s, \alpha_{s+1} = \beta_{s+1}, \alpha_{t-1} = \beta_{t-1}, \alpha_t > \beta_t \qquad (2)$$

设$\boldsymbol{S}_1$是初等双随机$n \times n$矩阵,在(s,s)和(t,t)元素为θ,在(s,t)和(t,s)元素为$1-\theta$,则

$$(\boldsymbol{S}_1\beta)_s = \theta\beta_s + (1-\theta)\beta_t$$
$$(\boldsymbol{S}_1\beta)_t = (1-\theta)\beta_s + \theta\beta_t$$
$$(\boldsymbol{S}_1\beta)_i = \beta_i$$

对一切别的i选取θ的两个值如下

$$\theta_1 = \frac{(\alpha_s - \beta_t)}{(\beta_s - \beta_t)}, \theta_2 = \frac{(\beta_s - \alpha_t)}{(\beta_s - \beta_t)}$$

由于$\beta_s > \alpha_s \geqslant \alpha_t > \beta_t$,$\theta_1$,$\theta_2$都在区间$(0,1)$内,如果$\theta = \theta_1$,则

$$(\boldsymbol{S}_1\beta)_s = \alpha_s, (\boldsymbol{S}_1\beta)_t = \beta_s - \alpha_s + \beta_t$$

如果$\theta = \theta_2$,则

$$(\boldsymbol{S}_1\beta)_s = \beta_s - \alpha_t + \beta_t, (\boldsymbol{S}_1\beta)_t = \alpha_t$$

从而在这两种情况下,只要$\boldsymbol{S}_1\beta = (\boldsymbol{S}_1\beta)^*$,$\alpha$与$\boldsymbol{S}_1\beta$的偏离都小于$\delta(\alpha,\beta)$. 当$\theta = \theta_1$时,如果

$$\beta_{t-s} \geqslant \beta_s - \alpha_s + \beta_t \geqslant \beta_{t+1} \qquad (3)$$

当 $\theta=\theta_2$ 时,如果

$$\beta_{s-1}\geqslant\beta_s-\alpha_t+\alpha_t\geqslant\beta_{s+1}\tag{4}$$

则成立 $\boldsymbol{S}_1\beta=(\boldsymbol{S}_1\beta)^*$. 由于 $\beta_t+(\beta_s-\sigma_s)>\beta_t\geqslant\beta_{t+1}$ 和 $\beta_s-(\alpha_t-\beta_t)<\beta_s\leqslant\beta_{s-1}$,式(3) 右边的不等式和 (4) 左边的不等式显然成立. 假设式(3) 左端的不等式不成立,即

$$\beta_{t-1}<\beta_s-\alpha_s+\beta_t$$

则

$$\begin{aligned}\beta_s-\alpha_t+\beta_t>\beta_{t-1}+\alpha_s-\alpha_t=\\ \alpha_{t-1}+\alpha_s-\alpha_t\geqslant\\ \alpha_s\geqslant\alpha_{s+1}=\beta_{s+1}\end{aligned}$$

从而式(4) 成立. 类似地可以证明,如果(4) 的右端不等式不成立,则式(3) 左端不等式成立. 总之可以推出,适当选取 $\theta=\theta_1$ 或 θ_2,有

$$\delta(\alpha,\boldsymbol{S}_1\beta)<\delta(\alpha,\beta),\alpha\prec\boldsymbol{S}_1\beta\text{ 和}(\boldsymbol{S}_1\beta)^*=\boldsymbol{S}_1\beta$$

继续使用相同的方式,便可求得一序列的双随机矩阵 $\boldsymbol{S}_1,\cdots,\boldsymbol{S}_k$,使得偏离 $\delta(\alpha,\boldsymbol{S}_k\boldsymbol{S}_{k-1}\cdots\boldsymbol{S}_1\beta)$ 为零,即 $\alpha=\boldsymbol{S}_k\boldsymbol{S}_{k-1}\cdots\boldsymbol{S}_1\beta$. 再令 $\boldsymbol{S}=\boldsymbol{S}_k\boldsymbol{S}_{k-1}\cdots\boldsymbol{S}_1$,并按第 8 章引理 1,$\boldsymbol{S}$ 是双随机的.

定理 2 的证明方法,可用下面的例子加以说明. 对于给定的满足 $\alpha\prec\beta$ 的 5 元非负数组 α 和 β,求一个"平均" 双随机矩阵 $\boldsymbol{S}$,使得 $\alpha=\boldsymbol{S}\beta$,本例也证明除 $(\boldsymbol{S}_1\beta)^*=\boldsymbol{S}_1\beta$ 外以 $\boldsymbol{S}_1\beta$ 代替 β,偏离可能不减少.

例 1　设 $\alpha=(9,6,5,4,4)$,$\beta=(10,10,5,2,1)$,则 $\alpha\prec\beta$,求一个双随机矩阵 $\boldsymbol{S}$,使得 $\alpha=\boldsymbol{S}\beta$.

使用前一定理证明的记号,有 $t=4$,$s=2$ 令

$$S_1 = \begin{pmatrix} 1 & 0 & 0 & 0 & 0 \\ 0 & \theta & 0 & 1-\theta & 0 \\ 0 & 0 & 1 & 0 & 0 \\ 0 & 1-\theta & 0 & \theta & 0 \\ 0 & 0 & 0 & 0 & 1 \end{pmatrix}$$

如果取$\theta = \theta_1 = \frac{\alpha_2 - \beta_4}{\beta_2 - \beta_4} = \frac{1}{2}$,则$(\boldsymbol{S}_1\boldsymbol{B}_2) = (\boldsymbol{S}_1\beta)_4 = 6$,$\boldsymbol{S}_1\beta = (10,6,5,6,1)$. 于是$(\boldsymbol{S}_1\beta)^* = (10,6,6,5,1)$,$\delta(\alpha,\boldsymbol{S}_1\beta) = \delta(\alpha,\beta) = 4$. 再试$\theta = \theta_2 = \frac{\beta_2 - \alpha_4}{\beta_2 - \beta_4} = \frac{3}{4}$,则$(\boldsymbol{S}_1\beta)_4 = \boldsymbol{S}\alpha_4 = 4$,$\boldsymbol{S}_1\beta = (10,8,5,4,1)$. 此时,$\delta(\alpha,\boldsymbol{S}_1\beta) = 3 < \delta(\alpha,\beta)$. 当然,一次出现偏离的减少是由定理保证的.

将此过程继续下去,令

$$S_2 = \begin{pmatrix} 1 & 0 & 0 & 0 & 0 \\ 0 & \theta & 0 & 0 & 1-\theta \\ 0 & 0 & 1 & 0 & 0 \\ 0 & 0 & 0 & 1 & 0 \\ 0 & 1-\theta & 0 & 0 & \theta \end{pmatrix}$$

并试$\theta_1 = \theta'_1 = \frac{\alpha_2 - (\boldsymbol{S}_1\beta)_5}{(\boldsymbol{S}_1\beta)_2 - (\boldsymbol{S}_1\beta_5)} = \frac{5}{7}$,则$\boldsymbol{S}_2\boldsymbol{S}_1\beta = (10,6,5,6,1)$再一次出现失败:$\delta(\alpha,\boldsymbol{S}_2\boldsymbol{S}_1\beta) = \delta(\alpha,\boldsymbol{S}_1\beta)$. 另选$\theta = \theta'_2 = \frac{(\boldsymbol{S}_1\beta)_2 - \alpha_5}{(\boldsymbol{S}_1\beta)_2 - (\boldsymbol{S}_1\beta)_5} = \frac{4}{7}$,得出$\boldsymbol{S}_2\boldsymbol{S}_1\beta = (10,5,5,4,4)$并且对于$\theta$的这个选值,有$\delta(\alpha,\boldsymbol{S}_2\boldsymbol{S}_1\beta) = 2 < \delta(\alpha,\boldsymbol{S}_1\beta)$.

最后,我们令

$$S_3 = \begin{pmatrix} \theta & 1-\theta \\ 1-\theta & \theta \end{pmatrix} + \boldsymbol{I}_3$$

和 $\theta=\theta_2''=\frac{4}{5}$，则 $\boldsymbol{S}_3\boldsymbol{S}_2\boldsymbol{S}_1\beta=(9,6,5,4,4)=\alpha$，因此 $\alpha=\boldsymbol{S}\beta$，其中

$$\boldsymbol{S}=\boldsymbol{S}_3\boldsymbol{S}_2\boldsymbol{S}_1=\frac{1}{140}\begin{pmatrix}112 & 12 & 0 & 4 & 12\\ 28 & 48 & 0 & 16 & 48\\ 0 & 0 & 140 & 0 & 0\\ 0 & 35 & 0 & 105 & 0\\ 0 & 45 & 0 & 15 & 80\end{pmatrix}$$

现在着手证明在 Hardy，Littlewood 和 po′lya 的更一般形式（见定理2前面的注）下的定理1. 其中 α 和 β 假设仅为 n 元非负数组. 我们需要下列引理.

引理3　设 $C=(c_1,\cdots,c_n)$ 是 n 元正数组，$\beta=(\beta_1,\cdots,\beta_n)$ 是 n 元非负数组. 令 $\boldsymbol{T}$ 是初等双随机矩阵，$\boldsymbol{T}\beta=\alpha=(\alpha_1,\cdots,\alpha_n)$；$\boldsymbol{A}(C)$ 和 $\boldsymbol{B}(C)$ 是同定理1中一样定义的矩阵，则

$$\operatorname{per}(\boldsymbol{A}(c))\leqslant\operatorname{per}(\boldsymbol{B}(C))$$

证明　不失一般性，可以认为

$$\boldsymbol{T}=\begin{pmatrix}\theta & 1-\theta\\ 1-\theta & \theta\end{pmatrix}+\boldsymbol{I}_{n-2}$$

则

$$\operatorname{per}(\boldsymbol{B}(C))-\operatorname{per}(\boldsymbol{A}(C))=$$

$$\sum_{\sigma\in s_n}\mathrm{C}_{\sigma(3)}^{\beta_3}\cdots\mathrm{C}_{\sigma(n)}^{\beta_3}(\mathrm{C}_{\sigma(1)}^{\beta_1}\mathrm{C}_{\sigma(2)}^{\beta_2}-$$

$$\mathrm{C}_{\sigma(2)}^{\theta\beta_1+(1-\theta)\beta_2}\times\mathrm{C}_{\sigma(2)}^{(1-\theta)\beta_1+\theta\beta_2}=\sum_{T\in S_n}\mathrm{C}_{T(3)}^{\beta_3}\cdots\mathrm{C}_{T(n)}^{\beta_n}(\mathrm{C}_{T(1)}^{\beta_1}\boldsymbol{C}_{T(2)}^{\beta_2}-$$

$$C_{T(2)}^{\theta\beta_1+(1-\theta)\beta_2}\times C_{T(2)}^{(1-\theta)\beta_1+\theta\beta_2}$$

从而

$$2(\operatorname{per}(\boldsymbol{B}(C))-\operatorname{per}(\boldsymbol{A}(C)))=$$

$$\sum_{\sigma\in S_n}C_{\sigma(3)}^{\beta_3}\cdots C_{\sigma(n)}^{\beta_n}(-C_{\sigma(1)}^{\theta\beta_1+(1-\theta)\beta_2}\times$$

$$C_{\sigma(2)}^{(1-\theta)\beta_1+\theta\beta_2} - C_{\sigma(1)}^{(1-\theta)\beta_1+\theta\beta_2} C_{\sigma(2)}^{\theta\beta_1+(1-\theta)\beta_2} +$$
$$C_{\sigma(1)}^{\beta_1} C_{\sigma(2)}^{\beta_2} + C_{\sigma(1)}^{\beta_2} C_{\sigma(2)}^{\beta_1}) =$$
$$\sum_{\sigma\in S_n} C_{\sigma(1)}^{\beta_2} C_{\sigma(2)}^{\beta_2} C_{\sigma(3)}^{\beta_3} \cdots C_{\sigma(n)}^{\beta_n} (C_{\sigma(1)}^{\theta(\beta_1-\beta_2)} - \boldsymbol{C}_{\sigma(2)}^{\theta(\beta_1-\beta_2)}) \cdot$$
$$(C_{\sigma(2)}^{(1-\theta)(\beta_1-\beta_2)} - (C_{\sigma(2)}^{(1+\theta)(\beta_1-\beta_2)}) \geqslant 0$$

推论1 设$c,\beta,\boldsymbol{A}(C)$和$\boldsymbol{B}(C)$如同引理3中一样地定义,如果$\boldsymbol{S}\in\Omega_n$是初等矩阵的积,且$\alpha=\boldsymbol{S}\beta$,则

$$\operatorname{per}(\boldsymbol{A}(C))\leqslant\operatorname{per}(\boldsymbol{B}(C))$$

定理1的证明:设α和β是按不增顺序排列的n元非负数组. 如果$\alpha<\beta$,则按定理2$\alpha=\boldsymbol{S}\beta$,其中$\boldsymbol{S}$是初等双随机矩阵的积(见定理2的证明. 从而按推论1

$$\operatorname{per}(\boldsymbol{A}(C))\leqslant\operatorname{per}(\boldsymbol{B}(C))$$

为证其反面,设α和β是给定的,且对一切n元正数组$C=(c_1,\cdots,c_n)$,有

$$\operatorname{per}(\boldsymbol{A}(C))\leqslant\operatorname{per}(\boldsymbol{B}(C))$$

首先,取$c_1=c_2=\cdots=c_n=x>0$,则

$$\operatorname{per}(\boldsymbol{A}(C))=n!,x^{\Sigma(\alpha,n)}\leqslant\operatorname{per}(\boldsymbol{B}(C))=n!\ x^{\Sigma(\beta,h)}$$

其中$\Sigma(\gamma,m)=\sum_{i=1}^{m}\gamma_i$,因此,对一切正数$x$(可大于1也可小于1)$x^{\Sigma(\alpha,n)}\leqslant x^{\Sigma(\beta,n)}$. 于是

$$\sum_{j=1}^{a}\alpha_j=\sum_{j=1}^{n}\beta_j$$

其次,设$1\leqslant k\leqslant n-1$,且令$c_1=c_2=\cdots=c_k=y>1,c_{k+1}=c_{k+2}=\cdots=c_n=1$. 则

$$\operatorname{per}(\boldsymbol{A}(C))=ay^{\Sigma(\beta,k)}+(\text{比}\ \Sigma(\alpha,k)\ \text{次数低的项})$$
$$\operatorname{per}(\boldsymbol{B}(C))=by^{\Sigma(\alpha,k)}+(\text{比}\ \Sigma(\beta,k)\ \text{次数低的项})$$

其中a和b是常数. 但,对一切y

$$\operatorname{per}(\boldsymbol{A}(C))\leqslant\operatorname{per}(\boldsymbol{B}(C))$$

因此,对充分大的 y,必有

$$y^{\Sigma(\alpha,k)} \leqslant y^{\Sigma(\beta,k)}$$

由此即得

$$\Sigma(\alpha,k) \leqslant \Sigma(\beta,k)$$

即对于 $k = 1,2,\cdots,n-1$

$$\alpha_1 + \alpha_2 + \cdots + \alpha_k \leqslant \beta_1 + \beta_2 + \cdots + \beta_k$$

所以 $\alpha < \beta$.

Birkhoff 定理

第 10 章

现在介绍双随机矩阵理论的属于 Birkhoff 定理[2] 的一个基本结果.

定理 1 $n \times n$ 双随机矩阵的集组成一个以置换矩阵为顶点的凸多面体.

换言之,如果 $\boldsymbol{A} \in \Omega_n$,则

$$\boldsymbol{A} = \sum_{j \neq 1}^{s} \theta_i \theta_j P_j \qquad (1)$$

其中 $\boldsymbol{P}_1, \cdots, \boldsymbol{P}_s$ 是置换矩阵,且 θ_j 是满足 $\sum_{j=1}^{s} \theta_j = 1$ 的非负数.

证明 对 $\boldsymbol{A}$ 中正元素的个数 $\pi(\boldsymbol{A})$ 使用归纳法,如果 $\pi(\boldsymbol{A}) = n$,则 $\boldsymbol{A}$ 是置换矩阵,从而定理成立($s = 1$). 假设 $\pi(A) > n$,且对 Ω_n 中有小于 $\pi(\boldsymbol{A})$ 个正元素的一切矩阵定理成立. 按第 8 章定理 1,矩

阵 $\boldsymbol{A}$ 有一条正对角线 $(a_{\sigma(1)1}, \alpha_{\sigma(2)2}, \cdots, \alpha_{\sigma(n)}n)$，其中 $\sigma \in S_n$. 设 $\boldsymbol{P} = (p_{ij})$ 是置换 σ 的关联矩阵（即 $\boldsymbol{P}$ 是在 $(\sigma(i), i) i = 1, \cdots, n$ 元素为 1 的置换矩阵）. 令 $a_{\sigma(t)t} = \min\{a_{\sigma(i)i}\} = a$. 显然，$0 < a < 1$，因为 $a = 1$，给出 $\boldsymbol{A}$ 的 $(\sigma(i), i)$ 元素为 $1 (i = 1, \cdots, n)$，从而 $\boldsymbol{A}$ 置换矩阵. 此外，由于 a 的极小性，$\boldsymbol{A} - a\boldsymbol{P}$ 是非负矩阵. 我们断言矩阵

$$\boldsymbol{B} = (b_{ij}) = \frac{1}{1 - a}(\boldsymbol{A} - a\boldsymbol{P}) \tag{2}$$

是双随机的. 事实上

$$\sum_{j=1}^{n} b_{ij} = \sum_{j=1}^{n} \frac{a_{ij} - ap_{ij}}{1 - a}$$

$$\frac{(\sum_{j=1}^{n} a_{ij}) - a(\sum_{j=1}^{n} p_{ij})}{1 - a} =$$

$$\frac{1 - a}{1 - a} = 1, i = i, \cdots, n$$

同理可证

$$\sum_{j=1}^{n} b_{ij=1}, j = 1, \cdots, n$$

现在有，$\pi(\boldsymbol{B}) \leqslant \pi(\boldsymbol{A}) - 1$，因为 $\boldsymbol{B}$ 在 $\boldsymbol{A}$ 有零元的一切位置上有零元，且还有 $b_{\sigma(t)t} = 0$. 故按归纳假设

$$\boldsymbol{B} = \sum_{j=1}^{s-1} \gamma_j \boldsymbol{P}_j$$

其中 $\boldsymbol{P}_j$ 是存置矩阵，$\gamma_j \geqslant 0, j = 1, \cdots, s - 1$，且 $\sum_{j=1}^{s-1} \gamma_j = 1$. 但是，由式(2)

$$\boldsymbol{A} = (1 - a)\boldsymbol{B} + a\boldsymbol{P} =$$

$$(\sum_{j=1}^{s-1} (1 - a)\gamma_j \boldsymbol{P}_j) + a\boldsymbol{P} =$$

$$\sum_{j=1}^{s} \theta_m \boldsymbol{P}_j$$

其中 $\theta_j=(1-a)\gamma_j(j=1,\cdots,s-1)$，$\theta=a$ 和 $p_s=p$，显而易见，θ_j 是非负的. 剩下还须证明 $\sum_{j=1}^{s}\theta_j=1$，但不难算出

$$\sum_{j=1}^{s}\theta_j=(\sum_{j=1}^{s-1}(1-a)\gamma_j)+a=$$

$$(1-a)(\sum_{j=1}^{s-1}\gamma_j)+a=$$

$$(1-a)+a=1$$

令 Λ_n^k 表示每行和每列中有 k 个 1 的 h 阶(0,1) - 矩阵的集合. 这类矩阵出现在许多组合问题中. 如果 $A\in\Lambda_n^k$，则 A/k 显然是双随机的. 由于这个缘故，Λ_n^k 中的矩阵通常称为双随机(0,1) - 矩阵.

下面是属于 Kŏnig[9] 的关于双随机(0,1) - 矩阵类似于定理 1 的一个结果. 从历史观点来看，Kŏnig 的结果先于 Birkhoff 的定理.

定理 2　如果 $\boldsymbol{A}\in\Lambda_n^k$，则

$$\boldsymbol{A}=\sum_{j=1}^{k}\boldsymbol{P}_j \tag{3}$$

其中 $\boldsymbol{P}_j$ 是置换矩阵.

定理 2 的证明是相当直接了当的，它跟随定理 1 的证明思路.

Birkhoff 定理引出下面两个令人关心的组合问题.

(i) 一个给定的双随机矩阵能以多少种方式表示为(1) 的形式?

(ii) 在一个双随机矩阵的一切可能的形如式(1)

的表示式中置换矩阵的最少个数是什么? 换言之,其凸组合等于$\boldsymbol{A}$的置换矩阵的最少个数$\beta(\boldsymbol{A})$是什么?

这两个问题都很难,关于问题(i)实际上可说毫无所知. 问题(ii)由 Farahat 和 Mirsky[5] 提出,并获得了关于数$\beta(\boldsymbol{A})$的某些上界.

关于$\beta(\boldsymbol{A})$的第一个上界由 Marcus 和 Newman 给出[13],他们用定理 1 的证明中使用的过程进行推导. 这个过程是从给定的$n \times n$双随机矩阵$\boldsymbol{A}$中一个接一个地"扣除"置换矩阵的数量倍. 使得每扣除一个附带产生至少一个零元素. 这样一来,经过不多于$n(n-1)$个这样的步骤之后,所得双随机矩阵恰好有n个非零元素,即为置换矩阵. 因此,$\boldsymbol{A}$是至多$n(n-1)+1$个置换矩阵的凸组合. 由此推出,对任意的$\boldsymbol{A} \in \Omega_n$

$$\beta(\boldsymbol{A}) \leqslant n_2 - n + 1 \tag{4}$$

然而,我们将会见到. 对任意的$\boldsymbol{A} \in \Omega_n$,当$n > 1$时,式(4)中的等号不能成立. 下面的界改进了式(4)中的界.

定理 3　如果$\boldsymbol{A} \in \Omega_n$,则

$$\beta(\boldsymbol{A}) \leqslant (n-1)^2 + 1 \tag{5}$$

证明　$n \times n$实矩阵的线性空间的维数是n^2关于$n \times n$双随机矩阵的行和与列和有$2n$个线性条件. 但这些条件之中,仅有$2n-1$是无关的,这是因为矩阵的一切行和的和必等于它的列和的和. 因此

$$\dim \Omega_n = n^2 - (2n-1) = (n-1)^2$$

且由 Caratheodory 定理(例如见[20])推出. 每个矩阵$\boldsymbol{A} \in \Omega_n$都在$(n-1)^2+1$个置换矩阵的凸包中. 所以,$\beta(\boldsymbol{A})$不大于$(n-1)^2+1$.

我们现在考虑不可约双随机矩阵,并用非本原性

指标改进式(5) 中的上界. 我们首先需要下列预备结果.

定理 4(Marcus, Minc 和 Moyls[12]) 设 $\boldsymbol{S}=\sum_{i=1}^{m}\boldsymbol{S}_t$,其中 $\boldsymbol{S}_i\in\Omega_{n_i}(i=1,\cdots,m)$,则

$$\beta(\boldsymbol{S})\leqslant\sum_{i=1}^{m}\beta(\boldsymbol{S}_i)-m+1 \tag{6}$$

证明 对 m 使用归纳法. 当 $m=2$ 时,我们必须证明

$$\beta(\boldsymbol{S}_1+\boldsymbol{S}_2)\leqslant\beta(\boldsymbol{S}_1)+\beta(\boldsymbol{S}_2)-1 \tag{7}$$

设 $\boldsymbol{S}_1=\sum_{i=1}^{r}\theta_i\beta_i,\boldsymbol{S}_2=\sum_{j=1}^{s}\varphi_j\boldsymbol{Q}_i$,其中 $\boldsymbol{P}_j,\boldsymbol{Q}_j$ 分别是 $n_1\times n_1$ 和 $n_2\times n_2$ 置换矩阵,$0<\theta_1<\theta_2\leqslant\cdots\leqslant\theta_r$, $\theta<\varphi_1<\varphi_2<\cdots<\varphi_s$, $\sum_{i=1}^{r}\theta_i=\sum_{j=1}^{s}\varphi_j=1$,此外 $r=\beta(\boldsymbol{S}_1),s=\beta(\boldsymbol{S}_2)$. 我们对 $r+s$ 使用归纳法. 如果 $r+s=2$,则 $\boldsymbol{S}_1=\boldsymbol{P}_1,\boldsymbol{S}_2=\boldsymbol{Q}_1,\boldsymbol{S}_1+\boldsymbol{S}_2=\boldsymbol{P}_1+\boldsymbol{Q}_1$,并且它们都是置换矩阵,因此式(7) 成立. 现在假设 $r+s>2$,不失一般性,不妨设 $\theta_1\leqslant\varphi_1$,则

$$\begin{aligned}\boldsymbol{S}_1+\boldsymbol{S}_2=&\theta_1(\boldsymbol{P}_1+\boldsymbol{Q}_1)+(1-\theta)\times\\&((\sum_{i=2}^{r}\frac{\theta_i}{1-\theta_1}\boldsymbol{P}_i)+\\&(\frac{\varphi_1-\theta_1}{1-\theta_1}\boldsymbol{Q}_1+\sum_{i=2}^{s}\frac{\varphi_i}{1-\theta_1}\boldsymbol{Q}_j))\end{aligned}$$

显然

$$\sum_{i=2}^{r}\frac{\theta_i}{1-\theta_1}\boldsymbol{P}_i\in\Omega_{n_1}$$

$$\frac{\varphi_1-\theta_1}{1-\theta_1}\boldsymbol{Q}_1+\sum_{j=2}^{s}\frac{\varphi_2}{1-\theta_1}\boldsymbol{Q}_j\in\Omega_{n_2}$$

这样就有

$$S_1 + S_2 = \theta_1(P_1 + Q_1) + (1 - \theta)R$$

其中 R 是两个双随机矩阵的直和,它们中第一个是 $r-1$ 个置换矩阵的凸组合. 第二个是 s 个置换矩阵的凸组合. 因此,将归纳假设用于 R 得,$\beta(R) \leqslant r+s-2$,从而

$$\beta(S_1 + S_2) \leqslant r + s - 1$$

这给出 $m = 2$ 时定理的证明. 令 $m > 2$,且假设对于 $m-1$ 个矩阵的直和定理已成立. 则

$$\begin{aligned}\beta(S) = \beta(\sum_{i=1}^{m} S_i) \leqslant \\ \beta(\sum_{j=1}^{m-1} S_i) + \beta(S_m) - 1 \leqslant \\ \sum_{i=1}^{m-1} \beta(S_i) - (m-1) + 1 + \beta(S_m) - 1 = \\ \sum_{i=1}^{m} \beta(S_i) - m + 1\end{aligned}$$

定理 5(Marcus,Mirc 和 Moy's[2])　如果 A 是有非本原性指标 h 的不可约双随机 $n \times n$ 矩阵,则

$$\beta(A) \leqslant h(\frac{n}{h} - 1)^2 + 1 \tag{8}$$

证明　按第 8 章定理 4,指标 h 整数 n. 令 $n = qh$. 设 R 是 (i,j) 位置元素为 1 的 $n \times n$ 置换矩阵,其中 i,j 满足 $i - j \equiv q(\bmod n)$. 设 P 是置换矩阵,使得 PAP^{T} 是在对角线上具有 q 阶方块 $A_{12}, A_{23}, \cdots, A_{h-1h}, A_{h1}$ 的 Frobenius 型,则

$$PAP^{\mathrm{T}}R = A_{12} + A_{23} + \cdots + A_{h-1h} + A_{h1}$$

从而按定理 4

$$\begin{aligned}\beta(A) = \beta(PAP^{\mathrm{T}}R) \leqslant \\ \beta(A_{12}) + \beta(A_{23}) + \cdots + \beta(A_{h-1h}) +\end{aligned}$$

$$\beta(\boldsymbol{A}_{h1})-h+1$$

但按定理 3

$$\beta(\boldsymbol{A}_{ii+1})\leqslant(q-1)^2+1, i=1,\cdots,h-1$$

$$\beta(\boldsymbol{A}_{h1})\leqslant(q-1)^2+1$$

因此

$$\beta(\boldsymbol{A})\leqslant h((q-1)^2+1)-h+1=$$

$$h(\frac{n}{h}-1)^2+1$$

上一结果与推论 6 一起使用可对 $\beta(\boldsymbol{A})$ 提供一个比直接应用公式(8)所得估计更好的估计. 这一点可用下面的例子加以说明.

例 1(Marcus, Minc 和 Moyls[12]) 设

$$A=\begin{pmatrix}\boldsymbol{O}_4 & \boldsymbol{J}_4\\ \boldsymbol{S} & \boldsymbol{O}_4\end{pmatrix}\in\Omega_8$$

其中 $\boldsymbol{S}=\begin{pmatrix}\boldsymbol{O}_2 & \boldsymbol{I}_2\\ \boldsymbol{J}_2 & \boldsymbol{O}_2\end{pmatrix}$. $\boldsymbol{O}_t$ 表示 $t\times t$ 零矩阵. 估计 $\beta(\boldsymbol{A})$ 的值.

公式(5)给出

$$\beta(\boldsymbol{A})\leqslant(8-1)^2+1=50$$

此外,我们注意到,$\boldsymbol{A}$ 具有上对角线块型且 $\boldsymbol{J}_4\boldsymbol{S}$ 是正的,从而,$\boldsymbol{A}$ 是在非本原指标 2 的不可约矩阵. 于是由式(8)得

$$\beta(\boldsymbol{A})\leqslant 2(\frac{8}{2}-1)^2+1=19$$

现在,置换 $\boldsymbol{A}$ 的行和列,使它变成 $\boldsymbol{J}_4+\boldsymbol{S}$. 再进一步置换行与列得到矩阵 $\boldsymbol{J}_4+\boldsymbol{J}_2+\boldsymbol{J}_2=\boldsymbol{J}_4+\boldsymbol{J}_1+\boldsymbol{J}_1+\boldsymbol{J}_2$,因此,按定理 4

$$\beta(\boldsymbol{A})\leqslant\beta(\boldsymbol{J}_4)+\beta(\boldsymbol{I}_1)+\beta(\boldsymbol{I}_1)+$$

$$\beta(\boldsymbol{J}_2) - 4 + 1 \tag{9}$$

把定理3直接用于 $\boldsymbol{J}_4$ 得到 $\beta(\boldsymbol{J}_4) \leqslant 10$，从而式(9)给出

$$\beta(\boldsymbol{A}) \leqslant 11$$

不过，由检验易知 $\beta(\boldsymbol{J}_4) = 4$. 于是，式(9)又给出

$$\beta(\boldsymbol{A}) \leqslant 5$$

不难证明，实际精确值 $\beta(\boldsymbol{A}) = 4$.

第11章 双随机矩阵的进一步讨论

非负矩阵的逆是非负的当且仅当矩阵是广义置换矩阵,由此得,双随机矩阵的逆是双随机的当且仅当矩阵是置换矩阵.对于拟双随机矩阵一个完全不同的结果成立.

引理1 非奇异的拟双随机矩阵的逆是拟双随机的.

特别地,双随机矩阵的逆是拟双随机的.

证明 设 $\boldsymbol{A}$ 是非奇异 $n \times n$ 拟双随机矩阵,则按 $\boldsymbol{A}$ 的双随机性有

$$\boldsymbol{J}_n = \boldsymbol{J}_n\boldsymbol{I}_n = \boldsymbol{J}_n\boldsymbol{A}\boldsymbol{A}^{-1} = \boldsymbol{J}_n\boldsymbol{A}^{-1}$$

$$\boldsymbol{J}_n = \boldsymbol{I}_n\boldsymbol{J}_n = \boldsymbol{A}^{-1}\boldsymbol{A}\boldsymbol{J}_n = \boldsymbol{A}^{-1}\boldsymbol{J}_n$$

所以 $\boldsymbol{A}^{-1}$ 是拟双随的.

下一推论是上述引理的直接结果.

推论 1　如果 $\boldsymbol{A}$ 和 $\boldsymbol{X}$ 是 $n\times n$ 双随机矩阵，且 $\boldsymbol{X}$ 是非奇异的，则 $\boldsymbol{XAX}^{-1}$ 是拟双随机的.

当然，推论 1 中的矩阵 $\boldsymbol{XAX}^{-1}$ 不一定是非负的. 此外，显然如果 $\boldsymbol{A}$ 是双随机的且存在非奇异矩阵 $\boldsymbol{X}$，使得 $\boldsymbol{XAX}^{-1}$ 是双随机的，则 $\boldsymbol{X}$ 可能不是双随机的甚至不是拟双随机的. 例如：如果 $\boldsymbol{A}=\boldsymbol{I}_n$，则 $\boldsymbol{X}$ 可以是任意的非奇异的 $n\times n$ 矩阵. 然而，如果 $\boldsymbol{A}$ 碰巧是不可约的，则下列有些意想不到的结果成立.

定理 1（Marcus，Minc 和 Moyls[12]）　如果 $\boldsymbol{A}$ 是不可约的双随机 $n\times n$ 矩阵，且 $\boldsymbol{B}=\boldsymbol{XAX}^{-1}$ 是双随机的，则 $\boldsymbol{X}$ 是拟双随机矩阵的数量倍，而且，存在双随机矩阵 $\boldsymbol{Y}$ 使得 $\boldsymbol{YAY}^{-1}=\boldsymbol{B}$.

证明　设 $\boldsymbol{J}$ 是一切元素为 1 的矩阵，且以 $r_i(\boldsymbol{M})$ 表示矩阵 $\boldsymbol{M}$ 的第 i 个行和，由于 $\boldsymbol{XA}=\boldsymbol{BX}$，我们有 $\boldsymbol{XAJ}=\boldsymbol{BXJ}$，从而，$\boldsymbol{XJ}=B(\boldsymbol{XJ})$. 但 $\boldsymbol{XJ}$ 的每列等于 n 元数组 $u(\boldsymbol{X})=(r_1(\boldsymbol{X}),r_2(\boldsymbol{X}),\cdots,r_n(\boldsymbol{X}))$. 这样就有

$$Bu(\boldsymbol{X})=u(\boldsymbol{X})$$

现在，由于 $\boldsymbol{A}$ 是不可约的双随机矩阵，1 是 $\boldsymbol{A}$ 和 $\boldsymbol{B}$ 的单特征值，从而，$u(\boldsymbol{X})$ 必是一切元素为 1 的 n 元素组 $\boldsymbol{e}$ 的数量倍，因此，$r_i(\boldsymbol{X})=a$，$i=1,\cdots,n$. 同理，可以证明 $r_i(\boldsymbol{X}^{\mathrm{T}})=\beta$，$i=1,\cdots,r$ 但是 $\alpha=\beta$，$\boldsymbol{JX}=\boldsymbol{XJ}=\alpha\boldsymbol{J}$ 即得 $\boldsymbol{X}$ 是拟双随机矩阵的数量倍.

向量 $\boldsymbol{e}$ 是 $\boldsymbol{X}$，$\boldsymbol{J}$ 的分别对应于 α 和 n 的特征向量. 因此，对任意的数 k，$\alpha+kn$ 是 $\boldsymbol{X}+k\boldsymbol{J}$ 的特征值，选取 k，使得 $\boldsymbol{X}+k\boldsymbol{J}$ 是正的，和非奇异的，且 $\alpha+kn>0$. 令

$\boldsymbol{Y}=\dfrac{\boldsymbol{X}+k\boldsymbol{J}}{\alpha+kn}$ 则 $\boldsymbol{Y}$ 是双随机的. 且

$$\boldsymbol{YAY}^{-1}=(\boldsymbol{X}+k\boldsymbol{J})\boldsymbol{A}(\boldsymbol{X}+k\boldsymbol{J})^{-1}=$$

$$(\boldsymbol{BX}+k\boldsymbol{J})(\boldsymbol{X}+k\boldsymbol{J})^{-1}=$$
$$B(\boldsymbol{X}+k\boldsymbol{J})(\boldsymbol{X}+k\boldsymbol{J})^{-1}=\boldsymbol{B}$$

如果 $\boldsymbol{A}$ 是一个半正定矩阵,则存在唯一的半正定矩阵 $\boldsymbol{B}$,使得 $\boldsymbol{B}^2=\boldsymbol{A}$,这个矩阵 $\boldsymbol{B}$ 叫做 $\boldsymbol{A}$ 平方根. 记作 $\boldsymbol{A}^{\frac{1}{2}}$. 半正定双随机矩阵的平方根一般不是双随机的. 例如,矩阵

$$\frac{1}{4}\begin{pmatrix}3 & 0 & 1\\ 0 & 3 & 1\\ 1 & 1 & 2\end{pmatrix}$$

的平方根是非双随机的. 下之拟双随机矩阵

$$\frac{1}{12}\begin{pmatrix}5+3\sqrt{3} & 5-3\sqrt{3} & 2\\ 5-3\sqrt{3} & 5+3\sqrt{3} & 2\\ 2 & 2 & 8\end{pmatrix}$$

下一定理刻画双随机矩阵平方根的特性.

定理 2(Marcus 和 Minc[11]) 半正定双随机矩阵 $\boldsymbol{A}=(a_{ij})$ 的平方根是拟双随机的. 如果 $a_{ij}\leqslant\frac{1}{n-1}(i=1,\cdots,n)$,则 $\boldsymbol{A}^{\frac{1}{2}}$ 是双随机的.

证明 设 $1,\lambda_2,\cdots,\lambda_n$ 是 $\boldsymbol{A}$ 的(非负)特征值 $U=(u_{ij})$ 是使得

$$\boldsymbol{U}^{\mathrm{T}}\boldsymbol{AU}=\mathrm{diag}(1,\lambda_2,\cdots,\lambda_n)$$

成立的正交矩阵,$\boldsymbol{U}$ 的第一列是$\frac{[1,\cdots,1]^{\mathrm{T}}}{\sqrt{n}}$,令

$$\boldsymbol{B}=(b_{ij})=\boldsymbol{U}\mathrm{diag}(1,\sqrt{\lambda_2},\cdots,\sqrt{\lambda_n})\boldsymbol{U}^{T}\qquad(1)$$

则 $\boldsymbol{B}^2=\boldsymbol{A}$,且

$$\sum_{j=1}^{n}b_{ij}=\sum_{j=1}^{n}\sum_{k=1}^{n}u_{ik}\sqrt{\lambda_k}u_{jk}=$$

$$\sum_{k=1}^{n} u_{ik}\sqrt{\lambda_k}\sum_{j=1}^{n} u_{jk}$$

但 $\boldsymbol{U}$ 是正交矩阵,从而,对于 $k > 1$

$$0 = \sum_{j=1}^{n} u_{ji}u_{jk} = \frac{1}{\sqrt{n}}\sum_{j=1}^{n} u_{jk}$$

所以,对于 $i = 1,\cdots,n$

$$\sum_{j=1}^{n} b_{ij} = u_{ii}\sqrt{\lambda_1}\sum_{j=1}^{n} u_{j1} = \frac{1}{\sqrt{n}}\cdot 1\cdot n\cdot\frac{1}{\sqrt{n}} = 1$$

同理可证

$$\sum_{i=1}^{n} b_{ij} = 1, j = 1,\cdots,n$$

这就证明了定理的第一部分.

现在,假设 $a_{ii} \leqslant \frac{1}{n-1}(i = 1,\cdots,n)$,且 $\boldsymbol{B}$ 定义如(1). 我们断言 $\boldsymbol{B}$ 是非负的,从而是双随机的. 因为,如果对某个 1 和 q,b_{bq} 是负的,则

$$a_{pp} = \sum_{j=1} b_{pj}^2 > \sum_{j\neq q}^{i} b_{pj}^2 \geqslant \frac{1}{n-1}(\sum_{j\neq q}^{n} b_{pj})^2 > \frac{1}{n-1} \quad (2)$$

其中用了不等式

$$\sum_{j\neq p} b_{pj} = \sum_{j=1}^{n} b_{pj} - b_{pq} = 1 - b_{pq} > 1$$

然而式(2) 与假设 $a_{ii} \leqslant \frac{1}{(n-1)}$(一切 i) 相矛盾.

作为本节结尾,我们介绍 Marcus 和 Ree[14] 改进和推广第 8 章定理 1 的一个结果. 首先需要下列引理.

引理 2 假设一个 $n\times n$ 矩阵的每个元素或者有性质 p,或者没有这个性质. 则在矩阵的每条对角线上至少 k 个元素具有性质 p 的充分必要条件是该矩阵包含一个完全由具有性质 p 的元素组成的 $s\times t$ 子矩阵, $s+t=n+k$.

这个引理恰好是第 7 章定理 4 的重述. 在那里"性质 p",本质上不失一般性被特定为"是 0".

定理 3 设 $\boldsymbol{A}$ 是一个 $n\times n$ 双随机矩阵;m 是一个整数,$1\leqslant m\leqslant n$,则存在 $\boldsymbol{A}$ 的一条对角线其上至少有 m 个元素大于或等于

$$\mu=\begin{cases}\dfrac{4k}{(n+k)^2},\text{如果 } m \text{ 是奇数}\\ \dfrac{4k}{(n+k)^2}-1,\text{如果 } m \text{ 是偶数}\end{cases}$$

其中 $k=n-m+1$.

证明 假定 $\boldsymbol{A}$ 的每条对角线都含有至少 m 个大于或等于 μ 的元素. 即在每条对角线中至少存在 $n-m+1$ 个元素小于 μ. 因此,按引理 2,阵矩 A 必包含一个 $s\times t$ 子矩阵 $\boldsymbol{M}$,满足 $s+t=n+k$. 且 $\boldsymbol{M}$ 的每个元素都小于 μ. 可以假设 A 是下形的矩阵

$$s\Big(\overset{t}{\begin{pmatrix}\widehat{\boldsymbol{M}} & \boldsymbol{B}\\ \boldsymbol{C} & \boldsymbol{D}\end{pmatrix}}$$

矩阵 $\boldsymbol{X}$ 的一切元素的和以 $\sigma(\boldsymbol{X})$ 记之,则

$$\sigma(\boldsymbol{M})+\sigma(\boldsymbol{B})=s$$
$$\sigma(\boldsymbol{M})-\sigma(\boldsymbol{C})=t$$

从而

$$2\sigma(\boldsymbol{M})+\sigma(\boldsymbol{B})\times\sigma(\boldsymbol{C})=s+t=n+k$$

此外

$$n=\sigma(\boldsymbol{A})=\sigma(\boldsymbol{M})+\sigma(\boldsymbol{B})+\sigma(\boldsymbol{C})+\sigma(\boldsymbol{D})$$

所以

$$\sigma(\boldsymbol{M})-\sigma(\boldsymbol{D})=k$$

从而

$$\sigma(\boldsymbol{M})\geqslant k$$

但,按我们假设 $\sigma(\boldsymbol{M})<st\mu$,因此

$$\mu>\frac{\sigma(\boldsymbol{M})}{st}\geqslant\frac{k}{\max st}$$

其中 $\max st$ 是在条件 $s+t=n+k$ 下,st 的最大值. 于是如果 m 是奇数,从而 $n+k=2n-m+1$ 是偶数,便有

$$\max st=\frac{(n+k)^2}{4}$$

如果 m 是偶数,从而 $n+k$ 是奇数,有

$$\max st=\frac{(n+k)^2-1}{4}$$

所以,如果 m 是奇数,则

$$\mu>\frac{4k}{(n+k)^2}=\frac{4k}{(2n-m+1)^2}$$

如果 m 是偶数,则

$$\mu>\frac{4k}{(n+k)^2-1}=\frac{4k}{(2n-m+1)^3-1}$$

这与 μ 的定义相矛盾.

当 $m=n$ 时,我们有下面的结果.

推理 2　如果 $\boldsymbol{A}=(a_{ij})$ 是 $n\times n$ 双随机矩阵,则

$$\max_{\tau\in s_n}\min_{j} a_i\tau_i\geqslant\begin{cases}\dfrac{4}{(n+1)^2}, & \text{若 } n \text{ 是奇数}\\[2ex]\dfrac{4}{n(n+2)}, & \text{若 } n \text{ 是偶数}\end{cases}$$

例 1 用下列方法证明定理 3 中的界是最好的：对每个 n 和 m，构作一个矩阵使其没有任何对角线包含 m 个大于 μ 的元素.

设 $\boldsymbol{A}$ 是一个 $n\times n$ 双随机矩阵，如果 m 是奇数，把 $\boldsymbol{A}$ 分划成四个块

$$\boldsymbol{A}=\begin{pmatrix}\boldsymbol{A}_{11} & \boldsymbol{A}_{12}\\ \boldsymbol{A}_{21} & \boldsymbol{A}_{22}\end{pmatrix}$$

其中 $\boldsymbol{A}_{11}$ 是 $\frac{n+k}{2}\times\frac{n+k}{2}$ 的. 其一切元素与 $\mu=\frac{4k}{(n+1)^2}$ 相等，$\boldsymbol{A}_{12}$ 和 $\boldsymbol{A}_{21}$ 的一切元素是 $\frac{2}{n+k}$；$\boldsymbol{A}_{22}$ 是零矩阵. 则 $\boldsymbol{A}$ 含有一切元素与 μ 相等的子矩阵，且由于 $\frac{n+k}{2}+\frac{n+k}{2}=n+k$，故用引理 2 可以断言，$\boldsymbol{A}$ 的每个对角线至少有 k 个元素等于 μ，因此，没有 $\boldsymbol{A}$ 的对角线能有 $n-k+1=m$ 个大于 μ 的元素.

如果 m 是偶数，且 $\mu=\frac{4k}{(n+k)^2-1}$，以类似的方法分划 $\boldsymbol{A}$，这一次 $\boldsymbol{A}_{11}$ 是 $\frac{n+k-1}{2}\times\frac{n+k+1}{2}$ 的，其一切元素等于 μ；$\boldsymbol{A}_{12}$ 的一切元素等于 $\frac{2}{n+k-1}$；$\boldsymbol{A}_{21}$ 的一切元素等于 $\frac{2}{n+k+1}$；$\boldsymbol{A}_{22}$ 仍为零矩阵. 与前面一样用相同的方法，由引理 2 推出所需结论.

范·德·瓦尔登猜想 Egoryĉev-Falikman 定理

第12章

1926年范·德·瓦尔登提出决定积和式函数在 $n\times n$ 双随机矩阵的多面体 Ω_n 中的最小值问题[24]. 按8章推论1,这个最小值是正的,曾猜想

$$\mathrm{per}(\boldsymbol{S})\geqslant\frac{n!}{n^n},\text{对一切 }\boldsymbol{S}\in\Omega_n\quad(1)$$

式(1)中等号成立当且仅当 $\boldsymbol{S}=\boldsymbol{J}_n$. 这个熟知为范·德·瓦尔登猜想的问题. 半个多世纪来一直悬而未决, 直到 Egoryĉev[3] 和 Falikman[4] 才各自独立地证明了它. 关于该猜想的历史和许多部分解决方案及有关结果的详细情况见[17],[18],[19]和[20].

本章,我们证明不等式(1)及其等式成立的条件.我们的证明来自于 Egoryĉev 的证明但有如下少许变更.即不用 Egoryĉev 用以推导一个积和式不等式(定理1)的关于混合判别式的 Alexandrov 不等式[1],而直接用 Falikman 引理获得定理1.

设 $\boldsymbol{a}_1,\cdots,\boldsymbol{a}_{n-2}$ 是 n 元正数组,对一切 n 元实数组 $\boldsymbol{x}$ 和 $\boldsymbol{y}$,由

$$f(\boldsymbol{x},\boldsymbol{y})=\operatorname{per}(\boldsymbol{a}_1,\cdots,\boldsymbol{a}_{n-2},\boldsymbol{x},\boldsymbol{y})$$

定义一个双线性函数 f.

引理1 设 $\boldsymbol{A}=(a_{ij})$ 是以 $\boldsymbol{a}_1,\cdots,\boldsymbol{a}_{n-1}$ 为列的 $n\times(n-1)$ 正矩阵;$\boldsymbol{b}=(b_1,\cdots,b_n)$ 是 n 元实数组,如果 $f(\boldsymbol{a}_{n-1},\boldsymbol{b})=0$,则 $f(\boldsymbol{b},\boldsymbol{b})\leqslant 0$,此外,$f(\boldsymbol{b},\boldsymbol{b})=0$,当且仅当 $b=0$.

证明 对 n 用归纳法,如果 $n=2$,则 $0=f(\boldsymbol{a}_1,\boldsymbol{b})=a_{11}b_2+a_{21}b_1$,从而 $b_2=-\dfrac{a_{21}b_1}{a_{11}}$,因此,$f(\boldsymbol{b},\boldsymbol{b})=2b_1b_2=-\dfrac{2a_{21}b_1^2}{a_{11}}\leqslant 0$.此外,$f(\boldsymbol{b},\boldsymbol{b})=0$ 当且仅当 $b_1=0$,也就是,当且仅当 $\boldsymbol{b}=\boldsymbol{0}$.

现在假设 $n>2$,且结论对 $n-1$ 元数组已成立.令 $\boldsymbol{x}=(x_1,\cdots,x_n)$ 是一个 n 元实数组.我们证明,若 $f(\boldsymbol{x},\boldsymbol{e}_n)=0$(其中 $\boldsymbol{e}_n=(0,\cdots,0,1)$),则 $f(\boldsymbol{x},\boldsymbol{x})<0$,除非 $\boldsymbol{x}$ 是 $\boldsymbol{e}_n$ 的数量倍(当 $\boldsymbol{x}$ 是 $\boldsymbol{e}_n$ 的数量倍时,自然 $f(\boldsymbol{x},\boldsymbol{x})=0$)假定 $\boldsymbol{x}$ 不是 $\boldsymbol{e}_n$ 的数量倍,且

$$f(\boldsymbol{x},\boldsymbol{e}_n)=\operatorname{per}(\boldsymbol{a}'_1,\cdots,\boldsymbol{a}'_{n-2},\boldsymbol{x}')=0 \qquad (2)$$

其中 $\boldsymbol{a}'_j=(a_{1j},\cdots,a_{n-1j})$,$j=1,\cdots,n-2$,和 $\boldsymbol{x}'=(x_1,\cdots,x_{n-1})\neq 0$.按最后一行展开,$\operatorname{per}(\boldsymbol{a}_1,\cdots,\boldsymbol{a}_{n-2},\boldsymbol{x},\boldsymbol{y})$ 并用式(2)得

$$f(\boldsymbol{x},\boldsymbol{x})=\sum_{j=1}^{n-2}a_{nj}f_j(\boldsymbol{x}',\boldsymbol{x}') \tag{3}$$

其中$f_j(\boldsymbol{x}',\boldsymbol{x}')=\mathrm{per}(\boldsymbol{a}'_j,\cdots,\boldsymbol{a}'_{j-1},\boldsymbol{a}'_{j+1},\cdots,\boldsymbol{a}'_{n-2},x',x')$. 现在,按(2),$f_j(\boldsymbol{x}',\boldsymbol{a}'_j)=0$,用显然,$f_j(\boldsymbol{a}'_j,\boldsymbol{a}'_j)>0(j=1\cdots,n-2)$. 因已假设$\boldsymbol{x}$不是$\boldsymbol{e}_n$的数量倍,故$\boldsymbol{x}'\neq 0$,从而由归纳假设得$f_j(\boldsymbol{x}',\boldsymbol{x}')<0(j=1,\cdots,n-2)$. 于是,由(3)推得$f(\boldsymbol{x},\boldsymbol{x})<0$. 已经证明:如果向量$\boldsymbol{x}$不是$\boldsymbol{e}_n$的数量倍,且$f(\boldsymbol{x},\boldsymbol{e}_n)=0$,则$f(\boldsymbol{x},\boldsymbol{x})<0$. 由于$f(\boldsymbol{a}_{n-1},\boldsymbol{a}_{n-1})>0$,前面的推理表明$f(\boldsymbol{a}_{n-1},\boldsymbol{e}_n)$不能为零.

设

$$\eta=-\frac{f(\boldsymbol{b},\boldsymbol{e}_n)}{f(\boldsymbol{a}_{n-1},\boldsymbol{e}_n)}$$

则$f(\boldsymbol{b}+\eta\boldsymbol{a}_{n-1},e_n)=0$,从而

$$f(\boldsymbol{b}+\eta\boldsymbol{a}_{n-1},\boldsymbol{b}+\eta\boldsymbol{a}_{n-1})\leqslant 0$$

即

$$f(\boldsymbol{b},\boldsymbol{b})+\eta^2 f(\boldsymbol{a}_{n-1}\boldsymbol{a}_{n-1})\leqslant 0$$

因此,$f(\boldsymbol{b},\boldsymbol{b})\leqslant 0$. 如果$f(\boldsymbol{b},\boldsymbol{b})=0$,则必有$\eta=0$,但如果$\eta=0$,则$f(\boldsymbol{b},\boldsymbol{e}_n)=0$,从而$\boldsymbol{b}$是$\boldsymbol{e}_n$的数量倍:$\boldsymbol{b}=\tau\boldsymbol{e}_n$,于是

$$0=f(\boldsymbol{a}_{n-1},\boldsymbol{b})=f(\boldsymbol{a}_{n-1},\tau\boldsymbol{e}_n)=\tau f(\boldsymbol{a}_{n-1},\boldsymbol{e}_n)$$

进而推得$\tau=0$,即$\boldsymbol{b}=0$.

下一定理是关于混合判别式的 Alexandrov 不等式的一个特例,下面这个用积和式表示的 Alexandrov 不等式属于 Egoryĉev.

定理1　设$\boldsymbol{a}_1,\cdots,\boldsymbol{a}_{n-1}$是$n$元正数组,$\boldsymbol{a}_n$是$n$元实数组,则

$$\mathrm{per}(\boldsymbol{a}_1,\cdots,\boldsymbol{a}_{n-1},\boldsymbol{a}_n)^2\geqslant \mathrm{per}(\boldsymbol{a}_1,\cdots,\boldsymbol{a}_{n-2},\boldsymbol{a}_{n-1},\boldsymbol{a}_{n-1})\cdot \mathrm{per}(\boldsymbol{a}_1,\cdots,\boldsymbol{a}_{n-2},\boldsymbol{a}_n,\boldsymbol{a}_n) \tag{4}$$

(4) 中等式成立当且仅当 $\boldsymbol{a}_{n-1}$ 和 $\boldsymbol{a}_n$ 是线性相关的.

证明 从 f 记引理 1 中的双线性型,且设 $t=\frac{f(\boldsymbol{a}_{n-1},\boldsymbol{a})}{f(\boldsymbol{a}_{n-1},\boldsymbol{a}_{n-1})}$. 如果 $\boldsymbol{b}=\boldsymbol{a}_n-t_{\boldsymbol{a}_{n-1}}$,则

$$f(\boldsymbol{a}_{n-1},\boldsymbol{b})=f(\boldsymbol{a}_{n-1},\boldsymbol{a}_n)-tf(\boldsymbol{a}_{n-1},\boldsymbol{a}_{n-1})=0$$

从而按引理 1

$$\begin{aligned}0\geqslant f(\boldsymbol{b},\boldsymbol{b})=f(\boldsymbol{b},\boldsymbol{a}_n)-tf(\boldsymbol{b},\boldsymbol{a}_{n-1})=&\\ f(\boldsymbol{b},\boldsymbol{a}_n)=&\\ f(\boldsymbol{a}_n,\boldsymbol{a}_n)-tf(\boldsymbol{a}_{n-1},\boldsymbol{a}_n)=&\\ f(\boldsymbol{a}_n,\boldsymbol{a}_n)-\frac{(f(\boldsymbol{a}_{n-1},\boldsymbol{a}_n))^2}{f(\boldsymbol{a}_{n-1},\boldsymbol{a}_{n-1})}&\end{aligned}\tag{5}$$

这样就得出与不等式(4) 等价的不等式

$$(f(\boldsymbol{a}_{n-1},\boldsymbol{a}_n))^2\geqslant f(\boldsymbol{a}_{n-1},\boldsymbol{a}_{n-1})f(\boldsymbol{a}_n,\boldsymbol{a}_n)$$

按引理 1,(5) 中等式成立当且仅当 $\boldsymbol{b}=\boldsymbol{0}$. 也就是当且仅当 $\boldsymbol{a}_n=t_{\boldsymbol{a}_{n-1}}$.

借助于连续性推理方法,容易证明:当 $\boldsymbol{a}_1,\cdots,\boldsymbol{a}_{n-1}$ 仅为 n 元非负数组时,不等式(4) 也成立. 当然,在这种情况下,关于等式成立的条件不再有效. 此外,不一定是排在最后的任意两个 n 元素组 $\boldsymbol{a}_q$ 和 $\boldsymbol{a}_t$,显然,也能指定为定理 1 中那两个特殊的 n 元数组(即 $\boldsymbol{a}_{n-1},\boldsymbol{a}_n$),只要它们中的一个与其余的 n 元数组全是非负的. 这就推出定理 1 的下列推论.

推论 1 如果 $\boldsymbol{A}=(a_{ij})$ 是非负 $n\times n$ 矩阵,则对任意的 q 和 $t(1\leqslant q<t\leqslant n)$ 有

$$(\operatorname{per}(\boldsymbol{A}))^2\geqslant\left(\sum_{i=1}^{n}a_{iq}\operatorname{per}(\boldsymbol{A}(i\mid t))\right)\times\left(\sum_{i=1}^{n}a_{it}\operatorname{per}(\boldsymbol{A}(i\mid q))\right)\tag{6}$$

如果除第 t 列外 $\boldsymbol{A}$ 的一切列都是正的,则(6) 中等式成

立当且仅当第 t 列是第 q 列的数量倍.

在引入和证明下一个定理之前,我们证明几个引理. $n\times n$ 双随机矩阵 $\boldsymbol{A}$ 在 Ω_n 中叫做极小化的,如果

$$\text{per}(\boldsymbol{A})=\min\{\text{per}(\boldsymbol{S})\mid \boldsymbol{S}\in\Omega_n\}$$

引理 2(Marcus 和 Newman[13])　极小化矩阵是完全不可分解的.

证明　令 $\boldsymbol{A}$ 是 Ω_n 中的极小化矩阵. 假设 $\boldsymbol{A}$ 是部分可分解的. 则按第 8 章推论 4,存在置换矩阵 $\boldsymbol{P}$ 和 $\boldsymbol{Q}$,使得 $\boldsymbol{PAQ}=\boldsymbol{B}+\boldsymbol{C}$,其中 $\boldsymbol{B}=(b_{ij})\in\Omega_k$,$\boldsymbol{C}\in\Omega_{n-k}$,我们来证明,存在 $n\times n$ 双随机矩阵,它的积和小于 $\text{per}(\boldsymbol{A})$. 因按第 8 章推论 1,$\boldsymbol{A}$ 的积和式是正的,故不失一般性,可设 $b_{kk}\text{per}((\boldsymbol{PAQ})(k\mid k))>0$,$\boldsymbol{C}_{11}\text{per}((\boldsymbol{PAQ})(k+1\mid k+1)>0$. 令 ε 是小于 $\min\{b_{kk},c_{11}\}$ 的任意正数,考查

$$\boldsymbol{G}(\varepsilon)=\boldsymbol{PAQ}-\varepsilon(E_{kk}+E_{k+1k+1})+\varepsilon(E_{kk+1}+E_{k+1k})$$

则 $\boldsymbol{G}(\varepsilon)\in\Omega_n$,且

$$\begin{aligned}\text{per}(\boldsymbol{G}(\varepsilon))=&\text{per}(\boldsymbol{PAQ})-\varepsilon\text{per}((\boldsymbol{PAQ})(k\mid k))+\\&\varepsilon\text{per}((\boldsymbol{PAQ})(k\mid k+1))-\\&\varepsilon\text{per}((\boldsymbol{PAQ})(k+1\mid k+1))+\\&\varepsilon\text{per}((\boldsymbol{PAQ})(k+1\mid k))+O(\varepsilon^2)=\\&\text{per}(\boldsymbol{A})-\varepsilon\text{per}((\boldsymbol{PAQ})(k\mid k)+\\&\text{per}((\boldsymbol{PAQ})(k+1\mid k+1))+o(\varepsilon^2)\end{aligned}$$

因安 Frobenius – Kŏnig 定理,$\text{per}((\boldsymbol{PAQ})(k\mid k+1)=\text{per}((\boldsymbol{PAQ})(k+1\mid k+1))=0$. 此外,$\text{per}((\boldsymbol{PAQ})\cdot(k\mid k)+\text{per}((\boldsymbol{PAQ})(k+1\mid k+1))>0$,从而,对充分小的正数 ε

$$\text{per}(\boldsymbol{G}(\varepsilon))<\text{per}(\boldsymbol{A})$$

便与 $\boldsymbol{A}$ 是极小化矩阵的假定矛盾.

引理3(Marcus和Newman[13]) 如果 $\boldsymbol{A}=(a_{ij})$ 是 Ω_n 的极小化矩阵,则 $a_{kk}>0$,蕴含 $\mathrm{per}(\boldsymbol{A}(h\mid k))=\mathrm{per}(\boldsymbol{A})$.

证明 设 $C(\boldsymbol{A})$ 是以 $\boldsymbol{A}$ 为内点的 Ω_n 的维数最小的面. 换言之

$$C(\boldsymbol{A})=\{\boldsymbol{X}=(x_{ij})\in\Omega_n\mid x_{ij}=0\ \text{如果}(i,j)\in Z\}$$

其中 $Z=\{(i,j)\mid a_{ij}=0\}$. 于是 $C(A)$ 是由下列条件定义

$$\sum_{j=1}^{n}x_{ij}=1,i=1,\cdots,n$$

$$\sum_{i=1}^{n}x_{ij}=1,j=1,\cdots,n$$

$$x_{ij}\geqslant 0,i,j=1,\cdots,n$$

$$x_{ij}=0,(i,j)\in Z$$

因 $\boldsymbol{A}$ 是在 $C(\boldsymbol{A})$ 的内部,且积和式函数在 $\boldsymbol{A}$ 外有一个绝对极小值,故 $\boldsymbol{A}$ 必是一个稳定点. 于是可用 Lagrange 乘数法建立函数

$$F(\boldsymbol{X})=\mathrm{per}(\boldsymbol{X})-\sum_{i=1}^{n}\lambda_i(\sum_{k=1}^{n}x_{ik}-1)-\sum_{j=1}^{n}\mu_j(\sum_{k=1}^{n}x_{kj}-1)$$

其中 $\boldsymbol{X}\in C(\boldsymbol{A})$. 现在对 $(i,j)\,\overline{\in}\,Z$

$$\frac{\partial F(\boldsymbol{X})}{\partial x_{ij}}=\mathrm{per}(\boldsymbol{X}(i\mid j))-\lambda_i-\mu_j$$

从而

$$\mathrm{per}(\boldsymbol{A}(i\mid j))=\lambda_i+\mu_j \tag{7}$$

于是

$$\operatorname{per}(\boldsymbol{A})=\sum_{j=1}^{n}a_{ij}\operatorname{per}(\boldsymbol{A}(i\mid j))=$$
$$\sum_{j=1}^{n}a'_{ij}(\lambda_i+\mu_j)=$$
$$\lambda_i+\sum_{j=1}^{n}a_{ij}\mu_j,i=1,\cdots,n \tag{8}$$

类似地

$$\operatorname{per}(\boldsymbol{A})=\sum_{i=1}^{n}a_{ij}\operatorname{per}(\boldsymbol{A}(i\mid j))=$$
$$\mu_j+\sum_{i=1}^{n}a_{ij}\lambda_i,j=1,\cdots,n \tag{9}$$

令 $\boldsymbol{e}=(1,\cdots,1)$，$\boldsymbol{\lambda}=(\lambda_1,\cdots,\lambda_n)$，$\boldsymbol{\mu}=(\mu_1,\cdots,\mu_n)$，则(8)和(9)给出

$$\operatorname{per}(\boldsymbol{A})\boldsymbol{e}=\boldsymbol{\lambda}+\boldsymbol{A\mu} \tag{10}$$
$$\operatorname{per}(\boldsymbol{A})\boldsymbol{e}=\boldsymbol{A}^{\mathrm{T}}\lambda+\boldsymbol{\mu} \tag{11}$$

以 $\boldsymbol{A}^{\mathrm{T}}$ 左乘(10)并注意 $\boldsymbol{A}^{\mathrm{T}}\boldsymbol{e}=\boldsymbol{e}$，得

$$\operatorname{per}(\boldsymbol{A})\boldsymbol{e}=\boldsymbol{A}^{\mathrm{T}}\boldsymbol{\lambda}+A^{\mathrm{T}}\boldsymbol{A\mu} \tag{12}$$

由(12)减去(11)，得

$$\boldsymbol{A}^{\mathrm{T}}\boldsymbol{A\mu}=\boldsymbol{\mu}$$

同理可得

$$\boldsymbol{A}^{\mathrm{T}}\boldsymbol{A\lambda}=\boldsymbol{\lambda}$$

按引理2，$\boldsymbol{A}$，$\boldsymbol{A}^{\mathrm{T}}$ 是完全不可分解的，从而，$\boldsymbol{A}^{\mathrm{T}}\boldsymbol{A}$ 和 $\boldsymbol{AA}^{\mathrm{T}}$ 都是完全不可分解的，因此，它们的每一个都有以1为单位特征值. 这就推出，$\boldsymbol{\lambda}$ 和 $\boldsymbol{\mu}$ 都是 $\boldsymbol{e}$ 的倍数，不妨记为 $\boldsymbol{\lambda}=c\boldsymbol{e}$，$\boldsymbol{\mu}=d\boldsymbol{e}$. 由式(7)得

$$\operatorname{per}(\boldsymbol{A}(i\mid j))=c+d$$

所以，对一切 $(i,j)\,\overline{\in}\,Z$

$$\operatorname{per}(\boldsymbol{A})=\sum_{j=1}^{n}a_{ij}\operatorname{per}(\boldsymbol{A}(i\mid j))$$

$$\sum_{j=1}^{n} a_{ij}(c+d)=c+d=$$
$$\operatorname{per}(\boldsymbol{A}(i\mid j))$$

引理 4(Landon[10]) 如果 $\boldsymbol{A}$ 是 Ω_n 的极小化矩阵,则对一切的 i 和 j.

$$\operatorname{per}(\boldsymbol{A}(i\mid j))\geqslant\operatorname{per}(\boldsymbol{A})$$

证明(Minc[16]) 设 $\boldsymbol{P}=(p_{ij})$ 是 $n\times n$ 置换矩阵,对于 $0\leqslant\theta\leqslant 1$,定义函数

$$f_{\boldsymbol{p}}(\theta)=\operatorname{per}((1-\theta)\boldsymbol{A}+\theta\boldsymbol{P})$$

因 $\boldsymbol{A}$ 是极小化矩阵,故对于任意的置换矩阵 $\boldsymbol{P}$

$$f'_{\boldsymbol{p}}(0)\geqslant 0$$

但

$$f'_{p}(0)=\sum_{s,t=1}^{n}(-a_{st}+p_{st})\operatorname{per}(\boldsymbol{A}(s\mid t))=$$
$$\sum_{s,t=1}^{n}p_{st}\operatorname{per}(\boldsymbol{A}(s\mid t))-n\operatorname{per}(\boldsymbol{A})=$$
$$\sum_{s=1}^{n}\operatorname{per}(\boldsymbol{A}(s\mid\sigma(s)))-n\operatorname{per}(\boldsymbol{A})$$

其中 σ 是对应于 $\boldsymbol{P}$ 的置换. 因此,对任意的置换 σ,有

$$\sum_{s=1}^{n}\operatorname{per}(\boldsymbol{A}(s\mid\sigma(s)))\geqslant n\operatorname{per}(\boldsymbol{A})\qquad(13)$$

现在,按引理 2,矩阵 $\boldsymbol{A}$ 是完全不可分解的. 从而,按第 7 章定理 11,$\boldsymbol{A}$ 中每个元素与另外 $n-1$ 个正元素一同位于一条对角线上,换句话说,对于任意的(i,j),存在一个置换 σ,使得 $j=\sigma(i)$,且对 $s=1,\cdots,i-1,i+1,\cdots,n,a_{s\sigma(s)}>0$. 但,按引理 3 由此推出,对于 $s=1,\cdots,i-1,i+1,\cdots,n$,有

$$\operatorname{per}(\boldsymbol{A}(s\mid\sigma(s)))=\operatorname{per}(\boldsymbol{A})\qquad(14)$$

因 $j=\sigma(i)$,故由公式(13)和(14)得出

$$\mathrm{per}(\boldsymbol{A}(i\mid j))\geqslant \mathrm{per}(\boldsymbol{A})$$

引理 5　令 $\boldsymbol{A}=(a_{ij})$ 是 $n\times n$ 矩阵. 假设相应于 s 和 t 列 $(s<t)$ 元素的积和式余因子是相等的, 即 $\mathrm{per}(\boldsymbol{A}(i\mid s)=\mathrm{per}(\boldsymbol{A}(i\mid t))(i=1,\cdots,n)$,则把 $\boldsymbol{A}$ 的第 s 列和第 t 列都用它们的算术平均去代替所得矩阵的积和式等于 $\boldsymbol{A}$ 的积和式:即

$$\mathrm{per}(a_1,\cdots,a_{s-1},\frac{a_s+a_t}{2},a_{s+1},\cdots,a_{t-1},\frac{a_s+a_t}{2},a_{t+1},\cdots,a_n)=\mathrm{per}(\boldsymbol{A})$$

证明　本引理的结论几乎显然,因为按积和式函数的多重线性,有

$$\mathrm{per}(a_1,\cdots,\overset{s}{\frac{a_s+a_t}{2}},\cdots,\overset{t}{\frac{a_s+a_t}{2}},\cdots,a_n)=$$

$$\frac{\mathrm{per}(a_1,\cdots,a_s,\cdots,a_s,\cdots,a_n)}{4}+$$

$$\frac{\mathrm{per}(a_1,\cdots,a_s,\cdots,a_t,\cdots,a_n)}{4}+$$

$$\frac{\mathrm{per}(a_1,\cdots,a_t,\cdots,a_s,\cdots,a_n)}{4}+$$

$$\frac{\mathrm{per}(a_1,\cdots,a_t,\cdots,a_s,\cdots,a_n)}{4}=$$

$$\frac{(\sum_{j=1}^{n}a_{is}\mathrm{per}(\boldsymbol{A}(i\mid t))+\mathrm{per}(\boldsymbol{A})+\mathrm{per}(\boldsymbol{A})+\sum_{i=1}^{n}a_{it}\mathrm{per}(\boldsymbol{A}(i\mid s)))}{4}=$$

$$(\sum_{i=1}^{n}a_{is}\mathrm{per}(\boldsymbol{A}(i\mid s))+\mathrm{per}(\boldsymbol{A})+\mathrm{per}(\boldsymbol{A})+$$

$$\frac{\sum_{i=1}^{n} a_{ir}\mathrm{per}(\boldsymbol{A}(i \mid t)))}{4} =$$

$\mathrm{per}(\boldsymbol{A})$

Marcus 和 Newman[3] 曾期望证明一个极小化矩阵的一切积和式余因子都等于该矩阵的积和式. 这一结论加上引理5 中“平均过程”就可证明范·德·瓦尔登猜想(参看文献[13] 关于正的极小化矩阵必等于 $\boldsymbol{J}_L$ 的定理的证明). Egoryĉev[3] 用 Landon 的结果(引理4) 加上他自己的定理(定理 1) 获得了关于极小化双随机矩阵的积和式余因子的关键结果. 下一定理给出了 Egoryĉev 的稍微更一般形式下的结果.

非负方阵叫做行(列) 随机的, 如果它的一切行(列) 和为 1.

定理 2 设 $\boldsymbol{A}$ 是 $n \times n$ 列(行) 随机矩阵, 满足

$$0 < \mathrm{per}(\boldsymbol{A}) \leqslant \mathrm{per}(\boldsymbol{A}(i \mid j)), i,j = 1,\cdots,n \quad (15)$$

则

$$\mathrm{per}(\boldsymbol{A}(i \mid j)) = \mathrm{per}(\boldsymbol{A}), i,j = 1,\cdots,n$$

证明 令 $\boldsymbol{A} = (a_{ij})$ 是满足条件(15) 的列随机矩阵. 假设对某个 s 和 t, 不等式(15) 是严格的, 即

$$\mathrm{per}(\boldsymbol{A}(s \mid t)) > \mathrm{per}(\boldsymbol{A})$$

令 a_{sq} 是 $\boldsymbol{A}$ 的第 s 行的正元素, 其中 $q \neq t$, 这样的元素一定存在, 因为条件 $\mathrm{per}(\boldsymbol{A}(i \mid j)) > 0$(对一切 i 和 j). 保证 $\boldsymbol{A}$ 在每行中至少有两个正元素, 于是

$$a_{it}\mathrm{per}(\boldsymbol{A}(i \mid q)) \geqslant a_{it}\mathrm{per}(\boldsymbol{A}), i = 1,\cdots,n$$

$$a_{iq}\mathrm{per}(\boldsymbol{A}(i \mid t)) \geqslant a_{iq}\mathrm{per}(\boldsymbol{A}), i = 1,\cdots,n$$

如果当 $i = s$ 有严格不等式

$$a_{sq}\mathrm{per}(\boldsymbol{A}(s \mid t)) > a_{sq}\mathrm{per}(\boldsymbol{A})$$

则按推论 1

$$
\begin{aligned}
(\operatorname{per}(\boldsymbol{A}))^2 \geqslant & \left(\sum_{i=1}^{n} a_{iq}\operatorname{per}(\boldsymbol{A}(i \mid t))\right) \times \\
& \left(\sum_{i=1}^{n} a_{it}\operatorname{per}(\boldsymbol{A}(i \mid q))\right) > \\
& \left(\sum_{i=1}^{n} a_{iq}\operatorname{per}(\boldsymbol{A})\right)\left(\sum_{i=1}^{n} a_{it}\operatorname{per}(\boldsymbol{A})\right) = \\
& (\operatorname{per}(\boldsymbol{A}))^2
\end{aligned}
$$

这个矛盾证明 $\operatorname{per}(\boldsymbol{A}(s \mid t))$ 对任意的 s 和 t 都不大于 $\operatorname{per}(\boldsymbol{A})$.

当 $\boldsymbol{A}$ 是行随机的情况证明类似.

由第 8 章推论 1 和引理 4 直接给出如下的结果.

定理 2(Egoryĉev[3])　若 $\boldsymbol{A}$ 是 Ω_n 中的极小化矩阵,则

$$\operatorname{per}(\boldsymbol{A}(i \mid j)) = \operatorname{per}(\boldsymbol{A}), i,j = 1,\cdots,n$$

推论 2　如果 $\boldsymbol{A}$ 是 Ω_n 中的极小化矩阵,则对任意的 q 和 t, $1 \leqslant q < t \leqslant n$,有

$$
\begin{aligned}
\operatorname{per}(\boldsymbol{A}))^2 = & \left(\sum_{i=1}^{n} a_{iq}\operatorname{per}(\boldsymbol{A}(i \mid j))\right) \times \\
& \left(\sum_{i=1}^{n} a_{it}\operatorname{per}(\boldsymbol{A}(i \mid q))\right)
\end{aligned}
$$

推论 3　如果 $\boldsymbol{A}$ 是 Ω_n 中的极小化矩阵,且 $\boldsymbol{B}$ 是把 $\boldsymbol{A}$ 的任意两列都以它们的算术平均代替后所得的矩阵,则 $\operatorname{per}(\boldsymbol{B}) = \operatorname{per}(\boldsymbol{A})$.

现在一切就绪可以证明范·德·瓦尔登猜想了.

定理 3　如果 $\boldsymbol{S} \neq \boldsymbol{J}_n$ 是 $n \times n$ 双随机矩阵,则

$$\operatorname{per}(\boldsymbol{S}) > \operatorname{per}(\boldsymbol{J}_n) = \frac{n!}{n^n}$$

证明 设 $\boldsymbol{A}$ 是 Ω_n 中的极小化矩阵. 我们来证明: $\boldsymbol{A}=\boldsymbol{J}_n$. 按引理 2,矩阵 $\boldsymbol{A}$ 是完全不可分解的. 从而其每行至少有两个正元素. 考虑 $\boldsymbol{A}$ 的第 j 列. 对 $\boldsymbol{A}$ 的不是第 j 列的每一对列反复应用引理 5 中的"平均过程"经有限次之后,可以得到一个双随机矩阵 $\boldsymbol{G}$ 其一切列,第 j 列可能除外,都是正的. 按推论 3, $\mathrm{per}(\boldsymbol{G})=\mathrm{per}(\boldsymbol{A})$,从而 $\boldsymbol{G}$ 也是 Ω_n 的极小化矩阵,因此,对任意整数 $i,1\leqslant i\leqslant n,i\neq j$ 按推论 3,有矩阵的集合中求一个极小化矩阵.

参考文献

[1] AlEXANDROV A D. On the theory of mixed volumes of convex bodies Ⅳ[J]. Mat. Sb(N.S), 1938,3(45):227-251.

[2] BIRKHOFF G. Tres observaciones sobreel aigebra lineal[J]. Univ. Nac. Tucuman Re. ser., 1946(A5):147-150.

[3] EGORYĈEV G P. A solution of Van der Waerden's permanent problem[J]. Dok1. Akad. Nauk SSSR,1981(258):1041-1044.

[4] FALIKMAN D I. A proof of Van der Waerden's conjecture the permanent of a doubly stochastic matrix[J]. Mat Zametki,1981(28):931-938.

[5] FARAHAT H K,MIRSKY L. Permutation endomorphisms, and refinement of a theorem of Birkhoff[J]. Proc. Cambridge philos. Soc., 1960(56):322-328.

[6] HARDY G H, ELITTLEWOOD, POLYA G. Inequalities[M]. London:Cambridge University press, 1934.

[7] KNUTH D. A permanent inequality[J]. Amer Math. Monthly,1981(88):731-740.

[8] KŎING D, UBER GRAPHEN, IHRE ANWEUDUNGAUF. Determinants theorie and Mengenlehre[J]. Math. Ann. ,1916(77):453-465.

[9] KŎRING D. Theoriendor endlichen and unendlichen Graphen[M]. Leipzig:Akademische Verlagsgessellschaft, 1936.

[10] LANDON D. Some notes on the Van der Waerden conjecture[J]. Linear Algebra Appl, 1971(4):155-160.

[11] MARCUS M, MINC H. Some results on doubly stochastic matrices[J]. Proc. Amer. Math. Soc. ,1962(76):571-579.

[12] MARCNS M, MINC H, MOYLS B. Some results on nonnegative matrices[J]. J. Res. Nat. Bur. Standards Sect. B,1961(65):205-209.

[13] MARCUS M, NEWMAN M, On the minimum of the permanent of a doubly stochastic matrix[J]. Duke, Math. J,1959(26):61-72.

[14] MARCUS M, REE R. Diagonals of doubly stochastic matrices[J]. Quart J. Math. Ser, 1959,2(10):295-302.

[15] MARSHALL A W,OLKIN L. Inequalities Theory

of Majorization and its Application[M]. New York: Academic press, 1979.

[16] MINC H. Doubly stochastic matrices with minimal permanents[J]. Pacific J. Math., 1975(58):155-157.

[17] MINC H. Permanents, Encyclopedia of Mathematics and its Application vol.6[M]. Boston: Addis on-Wesley, Reading, Mass, 1978.

[18] MINC H. Theory of permanents 1978 ~ 1981[J]. Linear and Multilinear Algebra, 1983(12):227-263.

[19] MINC H. The Van der Waerden permanent conjecture, General Inequallties[J]. Bickhǎuser Basel,1983:23-40.

[20] MINC H. Theory of permanents 1982 ~ 1985[J]. Linear and Multilinear Algebra, 1987(21):109-148.

[21] MIRSKY L. Results and problems in the theory of doubly-stochastic matrices[J]. Z. Wahrsch. Verw. Gebiete,1963(1):319-334.

[22] Muirhead R F. Some methods applicable to identities and inequalities of symmetric algebraic functions of n letters[J]. Proc. Edinbungh. Math. Soc.,1903(21):144-157.

[23] SCHUR I. Ǔber eineklassevon Mittelbildungen mit Anwendung auf die Determinantentheorie[J]. Sber. Berliner Math. Ges.,1923(22):9-20.

[24] VAN DER WAERDEN B L. Aufgabe 45[J]. Jber Deutsch. Math—Verein,1926(35):117.

附　　录

关于范·德·瓦尔登猜想的 Egoritsjev 的证明的注记[①]

附录 1

1926 年,范·德·瓦尔登提出了以下的猜想:设 $\boldsymbol{A}$ 为 n 阶二重随机方阵,则

$$\operatorname{per}(\boldsymbol{A}) \geqslant \frac{n!}{n^n}$$

等式成立当且仅当 $\boldsymbol{A}=n^{-1}\boldsymbol{J}$,这里 $\boldsymbol{J}$ 是元素全为 1 的方阵. 范·德·瓦尔登猜想是关于正项行列式的一个极为重要的猜想,它成为研究正项行列式的一个中心课题. 经过半个多世纪来数学家们的努力,范·德·瓦尔登猜想最终于 1980 年为苏联数学家 G. P. Egoritsiev 所证实. Egoritsjev 的证明是以苏联克拉斯诺雅斯克的基润斯基物理学院的预印本发表的. J. H. van Lint 的这篇文章以简洁明了

① 作者 J. H. van Lint.

的叙述讨论了 Egoritsjev 的证明.

1. 引　　言

设 $\boldsymbol{A}$ 是 $n \times n$ 矩阵,其元为 $a_{ij}(i=1,\cdots,n;j=1,\cdots,n)$,则 $\boldsymbol{A}$ 的正项行列式(记为 per (A))定义为

$$\operatorname{per}(\boldsymbol{A}) = \sum_{\sigma \in S_n} a_{1\sigma} a_{2\sigma(2)} \cdots a_{n\sigma(n)} \tag{1}$$

其中 S_n 表示 n 个文字上的对称群. 以下我们将经常把 $\boldsymbol{A}$ 的列视为 $\mathbf{R}^n$ 中的向量,并且我们记

$$\operatorname{per}(\boldsymbol{A}) = \operatorname{per}(\boldsymbol{a}_1, \boldsymbol{a}_2, \cdots, \boldsymbol{a}_n)$$

其中

$$\boldsymbol{a}_j = (a_{1j}, a_{2j}, \cdots, a_{nj})^{\mathrm{T}}, j = 1, \cdots, n$$

由(1)显然可知,per($\boldsymbol{A}$)是 a_j 的线性函数(对每个 j). 如果我们用 $\boldsymbol{A}(i \mid j)$ 表示从 $\boldsymbol{A}$ 删去第 i 行和第 j 列而得的矩阵,则由(1)可得

$$\operatorname{per}(\boldsymbol{A}) = \sum_{i=1}^{n} a_{ij} \operatorname{per}[\boldsymbol{A}(i \mid j)], (\text{对任意的}\ j) \tag{2}$$

当删去更多的行和列时,我们将用类同的记号(其意义自明).

如果 $\boldsymbol{A}$ 的所有元都是非负的,且 $\boldsymbol{A}$ 的每一行与 $\boldsymbol{A}$ 的每一列,元素的和均为 1,则 $\boldsymbol{A}$ 称为二重随机矩阵. 所有这种矩阵的全体记为 Ω_n. 在这一类矩阵中,最简单的矩阵是每个元均为 n^{-1} 的矩阵. 这一矩阵记为 $\boldsymbol{J}_n$. 显然 $\operatorname{per}(\boldsymbol{J}_n) = \frac{n!}{n^n}$. 下一陈述即为熟知的范·德·瓦尔登猜想.

范·德·瓦尔登猜想　若 $\boldsymbol{A} \in \Omega_n$,且 $\boldsymbol{A} \neq \boldsymbol{J}_n$,则 $\operatorname{per}(\boldsymbol{A}) > \operatorname{per}(\boldsymbol{J}_n)$ 我们将称 Ω_n 中适合 $\operatorname{per}(\boldsymbol{A}) =$

$\min\{\mathrm{per}(\boldsymbol{s}) \mid \boldsymbol{s} \in \Omega_n\}$ 的矩阵为极小矩阵.

猜想最近已为 G. P. Egoritsjev 所证实[2]. 其证明基于一个关于正项行列式的不等式,此不等式可以从 A. D. Alexandroff 关于正定二次型的一个结果(见[1])得出. 由于这一结论并不是容易得到的,而且也比我们所需要的更强(同时由于证明稍嫌艰涩). 其他主要工具是 D. Landon 的一个定理[3].

2. Alexandroff 不等式

下述关于正项行列式的不等式可以作为 A. D. Alexandroff 的一个定理的特殊情形[1].

定理 1　设 $\boldsymbol{a}_1, \boldsymbol{a}_2, \boldsymbol{a}_{n-1}$ 是 $\mathbf{R}^n$ 中具有正坐标的向量,又设 $\boldsymbol{b} \in \mathbf{R}^n$,则

$$(\mathrm{per}(\boldsymbol{a}_1, \boldsymbol{a}_2, \cdots, \boldsymbol{a}_{n-1}, \boldsymbol{b}))^2 \geqslant$$
$$\mathrm{per}(\boldsymbol{a}_1, \cdots, \boldsymbol{a}_{n-1}, \boldsymbol{a}_{n-1}, \boldsymbol{a}_{n-1})\mathrm{per}(\boldsymbol{a}_1, \cdots, \boldsymbol{a}_{r-2}, \boldsymbol{b}, \boldsymbol{b}) \quad (3)$$

等式当且仅当 $\boldsymbol{b} = \lambda a_{n-1}$ 时成立,其中 λ 为某个常数.

注 1　如果我们只要求向量 $\boldsymbol{a}_i$ 的坐标是非负的,则不等式(2) 显然也是成立的. 这时无法断言有关等式成立的推论.

下述定理是定理 1 的一个显而易见的推论.

定理 2　设 $\boldsymbol{a}_1, \boldsymbol{a}_2, \cdots, \boldsymbol{a}_{n-1}$ 是 $\mathbf{R}^n$ 中具有正坐标的向量,则 $\forall \boldsymbol{b} \in \mathbf{R}^n$

$$\mathrm{per}(\boldsymbol{a}_1, \cdots, \boldsymbol{a}_{n-1}, \boldsymbol{b}) = 0 \Rightarrow$$
$$\mathrm{per}(\boldsymbol{a}_1, \cdots, \boldsymbol{a}_{n-2}, \boldsymbol{b}, \boldsymbol{b}) \leqslant 0 \quad (4)$$

右边的等式当且仅当 $b = 0$ 时成立.

反过来,定理 1 是定理 2 的一个推论. 为证明这一点,我们用下式定义 λ

$$\text{per}(\boldsymbol{a}_1,\cdots,\boldsymbol{a}_{n-1},\boldsymbol{b})=\lambda\,\text{per}(\boldsymbol{a}_1,\cdots,\boldsymbol{a}_{n-1},\boldsymbol{a}_{n-1}) \quad (5)$$

并在(4)中用 $\boldsymbol{b}-\lambda\boldsymbol{a}_{n-1}$ 代 $\boldsymbol{b}$. 我们在(4)的右边用(5)消去 λ,其结果便是不等式(2),而且等式当且仅当 $\boldsymbol{b}=\lambda\boldsymbol{a}_{n-1}$ 时成立. 所以,为了证明定理1,只须证明定理2即可. 证明是对 n 用归纳法. 我们从验证定理2对 $n=2$ 成立开始,设 $\boldsymbol{a}=(\boldsymbol{a}_1,\boldsymbol{a}_2)^{\mathrm{T}}$,其中 $\boldsymbol{a}_1>0,\boldsymbol{a}_2>0$. 如果 $\text{per}(\boldsymbol{a},\boldsymbol{b})=\boldsymbol{a}_1\boldsymbol{b}_2+\boldsymbol{a}_2\boldsymbol{b}_1=0$,则 $\boldsymbol{b}_1\boldsymbol{b}_2\leqslant 0$. 因此 $\text{per}(\boldsymbol{a},\boldsymbol{b})=2\boldsymbol{b}_1\boldsymbol{b}_2\leqslant 0$. 显然等式当且仅当 $\boldsymbol{b}=\boldsymbol{0}$ 时成立.

我们现在转到 $\mathbf{R}^n$ 的情况,并假设定理2对 $n-1$ 是成立的. 设

$$q_{ij}=\begin{cases}\text{per}(a_1,\cdots,a_{n-2},x,x)(i,j\mid n-1,n),(1\leqslant i\leqslant n,\\ 1\leqslant j\leqslant n,i\neq j)\\ 0,\text{当 } i=j \text{ 时}\end{cases} \quad (6)$$

设 $\boldsymbol{Q}$ 是元为 q_{ij} 的矩阵,则当 $\boldsymbol{x}=(x_1,\cdots,x_n)^{\mathrm{T}}$ 时,我们有

$$\text{per}(\boldsymbol{a}_1,\cdots,\boldsymbol{a}_{n-2},\boldsymbol{x},\boldsymbol{x})=\sum_{i=1}^{n}\text{per}(\boldsymbol{a}_1,\cdots,\boldsymbol{a}_{n-2},\boldsymbol{x},\boldsymbol{x})(i\mid n)_{ix}=$$
$$\sum_{i=1}^{n}x_i\sum_{j\neq i}\text{per}(\boldsymbol{a}_1,\cdots,\boldsymbol{a}_{n-2},\boldsymbol{x},\boldsymbol{x})(i,j\mid n-1,n)x_j=\boldsymbol{x}^{\mathrm{T}}\boldsymbol{Q}\boldsymbol{X} \quad (7)$$

引理1 如果 $\mathbf{R}^n$ 中向量 $\boldsymbol{a}_1,\cdots,\boldsymbol{a}_{n-2}$ 具有正的坐标,且 $\boldsymbol{Q}$ 定义加上,则 $\boldsymbol{Q}$ 的特征根不为零.

证明 假定 $\boldsymbol{Q}_c=\boldsymbol{0}$,即对每个 i 均有 $\text{per}(\boldsymbol{a}_1,\cdots,\boldsymbol{a}_{n-2},\boldsymbol{c},\boldsymbol{x})(i\mid n)=0$. 则由归纳假设,我们即有对一切 i,$\text{per}(\boldsymbol{a}_1,\cdots,\boldsymbol{a}_{n-3},\boldsymbol{c},\boldsymbol{c},\boldsymbol{x})(i\mid n)\leqslant 0$,且对一切 i 等式成立的充要条件是 $\boldsymbol{c}=\boldsymbol{0}$. 我们用 $\boldsymbol{a}_{1,n-2}$ 乘这个不等式,

并对 i 求和,得到 $\boldsymbol{c}^{\mathrm{T}}\boldsymbol{Q}_{c}\leqslant 0$. 既然根据定义,这一表达式应为零,故我们必有 $\boldsymbol{c}=\boldsymbol{0}$. 证毕.

引理 2　在前一引理的假设下,矩阵 $\boldsymbol{Q}$ 恰有一个正特征根.

证明　设 $\boldsymbol{j}:=(1,1,\cdots,1)^{\mathrm{T}}$. 我们考虑二次型 $\boldsymbol{x}^{\mathrm{T}}\boldsymbol{Q}x_{\theta}$,其定义如下

$\boldsymbol{x}^{\mathrm{T}}\boldsymbol{Q}_{\theta}\boldsymbol{x}:=\operatorname{per}((1-\theta)\boldsymbol{j}+\theta\boldsymbol{a}_{1},\cdots,(1-\theta)\boldsymbol{j}+\theta\boldsymbol{a}_{n-2},\boldsymbol{x},\boldsymbol{x})$

对于[0,1] 中的每个 θ,这一二次型满足引理 1 的条件,即它没有一个特征根为零. 由于特征根是 θ 的连续函数,因此我们知道,只要对 $\theta=0$ 证明引理 2 的断言即可. 但在这种情况下,因为 $\theta_{0}=(n-2)!\ (nJ_{n}-1)$,故断言是显然的. 证毕.

我们需要一个颇为显然的引理,为完整起见,我们引述如下.

引理 3　若 $\boldsymbol{Q}$ 与前一引理中相同,$\boldsymbol{E}$ 是对角矩阵 $\operatorname{diag}(e_{1},\cdots,e_{n})$,其中 $e_{i}>0(i=1,\cdots,n)$,则 $\boldsymbol{E}^{-\frac{1}{2}}\boldsymbol{Q}\boldsymbol{E}^{-\frac{1}{2}}$ 也恰有一个正特征根.

证明　这是 Sylvester 惯性定理的特殊情况. 当然在这种情形下,用如同上一引理中的同一类型的连续性的论证,直接的证明是显然的. 证毕.

定理 2 的证明:假定 $\operatorname{per}(\boldsymbol{a}_{1},\cdots,\boldsymbol{a}_{n-1},\boldsymbol{b})=0$. 定义 $\boldsymbol{E}:=\operatorname{diag}(e_{1},\cdots,e_{n})$,其中

$$e_{i}:=\operatorname{per}(\boldsymbol{a}_{1},\cdots,\boldsymbol{a}_{n-1},\boldsymbol{b})\ \frac{(i\mid n)}{\boldsymbol{a}_{i}},n-1$$

则这一定义蕴含着

$$\boldsymbol{Q}\boldsymbol{a}_{n-1}=\boldsymbol{E}\boldsymbol{a}_{n-1}$$

即 $\boldsymbol{E}^{\frac{1}{2}}\boldsymbol{a}_{n-1}$ 是矩阵 $\boldsymbol{E}^{-\frac{1}{2}}\boldsymbol{Q}\boldsymbol{E}^{-\frac{1}{2}}$ 的属于特征根 1 的特征向量. 我们关于 b 的假设可以表为 $(\boldsymbol{E}^{\frac{1}{2}}\boldsymbol{b})^{\mathrm{T}}(\boldsymbol{E}^{\frac{1}{2}}\boldsymbol{a}_{n-1})=\boldsymbol{0}$,

即 $\boldsymbol{E}^{\frac{1}{2}}\boldsymbol{b}$ 垂直于 $\boldsymbol{E}^{\frac{1}{2}}\boldsymbol{a}_{n-1}$. 由于 $\boldsymbol{E}^{-\frac{1}{2}}\boldsymbol{Q}\boldsymbol{E}^{-\frac{1}{2}}$ 是对称的,并且它的所有特征根除了 1 对应于 $\boldsymbol{E}^{\frac{1}{2}}a_{a-1}$ 以外都是负的,我们便得到

$$(\boldsymbol{E}^{\frac{1}{2}}\boldsymbol{b})^{\mathrm{T}}(\boldsymbol{E}^{-\frac{1}{2}}\boldsymbol{Q}\boldsymbol{E}^{-\frac{1}{2}})(\boldsymbol{E}^{\frac{1}{2}}b)=\boldsymbol{b}^{\mathrm{T}}\boldsymbol{Q}\boldsymbol{B}\leqslant 0$$

其中等式成立当且仅当 $b=0$. 根据(7),这就是我们所要证明的断言.

J. J. Seidel 观察到,下述途径虽然本质上同上面所作的一样,但更能洞察到定理 1 的意义.

定义 Lorentz 空间为 $d+1$ 维实向量空间,它具有非退化对称内积$(\boldsymbol{x},\boldsymbol{y})$,其符号为$(1,d)$(即对于相应的矩阵有一个正特征根). 根据 Sylvester 定律,不存在这样的平面,在其上二次型是正定的,因此,每一个包含有适合$(\boldsymbol{x},\boldsymbol{x})=0$的向量$\boldsymbol{x}$的平面一定包含一个非零的向量$\boldsymbol{y}$,使得$(\boldsymbol{y},\boldsymbol{y})=0$. 这意味着,当$(\boldsymbol{a},\boldsymbol{a})>0$,$b$任意时,我们有

$$(\boldsymbol{a},\boldsymbol{b})^2\geqslant(\boldsymbol{a},\boldsymbol{a})\cdot(\boldsymbol{b},\boldsymbol{b}) \tag{8}$$

因为有一个 λ 的值,使得$(\boldsymbol{a}+\lambda\boldsymbol{b},\boldsymbol{a}+\lambda\boldsymbol{b})=0$,即这一式子的判别式是正的.

随即可以看到,引理 1 和引理 2 是下一断言的证明:

如果我们定义$(\boldsymbol{x},\boldsymbol{y})=\boldsymbol{x}^{\mathrm{T}}\boldsymbol{Q}\boldsymbol{y}$,$\boldsymbol{Q}$ 同(6),则具有$(\boldsymbol{x},\boldsymbol{y})$的 $\mathbf{R}^n$ 是一个 Lorentz 空间.

于是定理 1 可由(7)和(8)得到.

3. 早先有关范·德·瓦尔登猜想的结果

在这一节我们回顾一些关于极小矩阵的定理,它

们将导致 Landon 定理. 这些结论大多数将只述而不证. 因为证明是容易得到的,例如[4].

1) 设 $\boldsymbol{A}$ 是 $n\times n$ 非负矩阵,则 $\mathrm{per}(\boldsymbol{A})=0$ 的充要条件是 $\boldsymbol{A}$ 包含一个 $s\times t$ 零子矩阵,使得 $s+t=n+1$.

2) $\boldsymbol{A}$ 称为部分可分解的,如果它包含一个 $k\times(n-k)$ 零子矩阵. 否则,$\boldsymbol{A}$ 称为完全不可分解的.

3) 如果 $\boldsymbol{A}\in\Omega_a$,且 A 是部分可分解的,则有置换方阵 $\boldsymbol{P}$ 和 $\boldsymbol{Q}$,使得 $\boldsymbol{PAQ}$ 是 Ω_R 的一个元与 Ω_{n-k} 的一个元的直和(对某个 k).

4) 如果 $\boldsymbol{A}\in\Omega_n$,则 $\mathrm{per}(\boldsymbol{A})>0$.

5) 如果 $\boldsymbol{A}\in\Omega_n$ 是极小矩阵,则 $\boldsymbol{A}$ 是完全不可分解的.

6) 如果 $\boldsymbol{A}\in\Omega_n$ 是极小矩阵,且 $a_{hk}>0$,则 $\mathrm{per}[\boldsymbol{A}(h\mid k)]=\mathrm{per}\,\boldsymbol{A}$.

7) 如果 $\boldsymbol{A}\in\Omega_n$ 是极小矩阵,且对一切 h 和 k,$a_{hk}>0$,则 $\boldsymbol{A}=\boldsymbol{J}_n$.

定理3(D. Landon[3],见[4]) 如果 $\boldsymbol{A}\in\Omega_n$ 是极小矩阵,则对一切 i 和 j,$\mathrm{per}[\boldsymbol{A}(i\mid j)]\geqslant\mathrm{per}(\boldsymbol{A})$.

证明 设 $\boldsymbol{P}$ 是相应于置 σ 换的置换矩阵. 对于 $0\leqslant\theta\leqslant1$,定义 $f_P(\theta):=\mathrm{per}((1-\theta)\boldsymbol{A}+\theta\boldsymbol{P})$.

根据定义,我们一定有 $f'_P(0)\geqslant0$. 由于 $(1-\theta)\boldsymbol{A}+\theta\boldsymbol{P}$ 的每一个元是 θ 的线性函数,故由(2)我们得到

$$f'_P(0)=\sum_{i=1}^{n}\sum_{j=1}^{n}(-a_{ij}+p_{ij})\mathrm{per}[\boldsymbol{A}(i\mid j)]=\sum_{s=1}^{n}\mathrm{per}[\boldsymbol{A}(s\mid\sigma(s))]-n\mathrm{per}(\boldsymbol{A})$$

因此,对每个置换 σ,我们有

$$\sum_{s=1}^{n}\mathrm{per}[\boldsymbol{A}(s\mid\sigma(s))]\geqslant n\mathrm{per}(\boldsymbol{A})\qquad(9)$$

从(5)和(1)可得,对每一对 i,j,有一置换 σ,使得 $j=\sigma(i)$,且 $a_{s\sigma(s)}>0$,其中 $1\leqslant s\leqslant n,s\neq i$. 由此推出(用(6)),在(9)中左边的具有 $s\neq i$ 的项等于 $\operatorname{per}(\boldsymbol{A})$,由此便得到结论. 证毕.

注2 人们还不知道(见[4]),"对一切 i 和 j,$\boldsymbol{A}\in\Omega_n$ 为极小多项式 $\Rightarrow\operatorname{per}[\boldsymbol{A}(i|j)]=\operatorname{per}(\boldsymbol{A})$"的证明可推出猜想是正确的. 然而,Egoritsjer 并不利用这一事实,因为不用这一陈述相对地说是容易完成证明的.

4. 范·德·瓦尔登猜想的证明

我们先证明一个足可证明猜想的定理(见注2).

定理4 设 $\boldsymbol{A}\in\Omega_n$ 是一个极小矩阵,则对一切 i 和 j,$\operatorname{per}[\boldsymbol{A}(i|j)]=\operatorname{per}(\boldsymbol{A})$.

证明 假定命题不成立. 则由定理3,有一对 r,s,使得 $\operatorname{per}[\boldsymbol{A}(r|s)]>\operatorname{per}(\boldsymbol{A})$. 对于这一 r,有一个 t,使得 $a_{rt}>0$. 我们现在应用定理1(用注1)

$$
\begin{aligned}
(\operatorname{per}(\boldsymbol{A}))^2 &= \operatorname{per}(a_1,\cdots,a_s,\cdots,a_t\cdots,a_n)^2\cdots\\
&\operatorname{per}(a_1,\cdots,a_s,\cdots,a_s,\cdots,a_n)\cdot\\
&\operatorname{per}(a_1,\cdots,a_t,\cdots,a_t,\cdots,a_n)=\\
&\left(\sum_{k=1}^{n}a_{ks}\operatorname{per}[\boldsymbol{A}(k\mid t)]\right)\cdot\\
&\left(\sum_{k=1}^{n}a_{ks}\operatorname{per}[\boldsymbol{A}(k\mid s)]\right)
\end{aligned}
$$

在右边每一子正项行列式都至少是 $\operatorname{per}(\boldsymbol{A})$,而 $\operatorname{per}[\boldsymbol{A}(i|j)]>\operatorname{per}(\boldsymbol{A})$. 由于 $\operatorname{per}[\boldsymbol{A}(r|s)]$ 是被乘上一个正数 a_{rt},故右边大于 $(\operatorname{per}(\boldsymbol{A}))^2$,矛盾. 证毕

定理5 若 $\boldsymbol{A}=(a_1,\cdots,a_n)\in\Omega_n$ 是一个极小矩

阵,而 $\boldsymbol{A}'$ 是由 $\boldsymbol{A}$ 中用 $\frac{1}{2}(a_i+a_j)$ 替代 a_i 和 a_j 而得的矩阵,则 $\boldsymbol{A}'$ 仍是 Ω_n 中的一个极小矩阵,因此定理 4 可应用于 $\boldsymbol{A}'$.

证明　显然 $\boldsymbol{A}' \in \Omega_n$,由(2) 和定理 4,我们有

$$
\begin{aligned}
\operatorname{per}(\boldsymbol{A}') = {} & \frac{1}{2}\operatorname{per}(\boldsymbol{A}) + \frac{1}{4}\operatorname{per}(a_j,\cdots,a_i,a_i,\cdots,a_n) + \\
& \frac{1}{4}\operatorname{per}(a_1,\cdots,a_j,\cdots,a_j,\cdots,a,\cdots,a_n) = \\
& \frac{1}{2}\operatorname{per}(\boldsymbol{A}) + \frac{1}{4}\sum_{k=1}^{n} a_{kj}\operatorname{per}[\boldsymbol{A}(k \mid j)] + \\
& \frac{1}{4}\sum_{k=1}^{n} a_{kj}\operatorname{per}[\boldsymbol{A}(k \mid i)] = \\
& \operatorname{per}(\boldsymbol{A})
\end{aligned}
$$

今设 $\boldsymbol{A}$ 是 Ω_n 中的极小矩阵. 我们考虑 $\boldsymbol{A}$ 的任意一列,比如说 a_n. 从(5) 可得,在 $\boldsymbol{A}$ 的每一行均有一个正元在其它的列的一列上. 因此应用定理 5 有限次,得一极小矩阵 $\boldsymbol{A}'$,它仍以 a_n 为最后一列,而其他的列为 $a'_1,\cdots,a'_{n-1}$,它们都具有正的坐标. 我们把定理 1 应用于 $\operatorname{per}(a'_1,\cdots,a'_{n-1},a_n)$. 由定理 4 便得对每个 $i \leqslant n-1$,a_n 是 a'_i的倍数. 既然 $a'_1+\cdots+a'_{n-1}+a_n=\boldsymbol{j}$,这就意味着 $a_n=n^{-1}\boldsymbol{j}$. 由于我们所取的是 $\boldsymbol{A}$ 的任意一列,故猜想的证明现在就完成了.

参考文献

[1] ALEXANDROFF A D. Zur Theorie der gemischten Volumina von konvexen Korpern Ⅳ[J]. Mat. Sbornik,1938,45(3):227-251.

[2] EGORITSJEV G P. Solution of Van der Waerden's permanent conjecture, preprint[M]. Krasnojarsk:13M of the Kerenski Institute of Physics, 1980.

[3] LANDON D. Some Notes on the Van der Waerden Conjecture[J]. Linear Algebra and its Applications,1971(4):155-160.

[4] MINC H. Permanents, Encyclopedia of Mathematics and its Applications[M]. Boston: Addson-Wesley,1978.

[5] VAN DER WAERDEN B L, Aufgabe 45[J]. Jber d. D. M. V.,1926(35):117.

算术级数[①]

附录 2

一个正整数集合,如果具有某种代数结构,无论多么粗糙,处理起来总比完全没有代数结构要好,因为它很可能给出更多的数论信息. 从这个观点来看,算术级数是好的集合,所以含有很多算术级数的集合比不含算术级数的集合要好. 有理由猜测“大”的集合含有很多算术级数.

范·德·瓦尔登的一个有名的定理断言:若把正整数全体一分为二,则其中至少有一个最大的,即指它含有任意长的算术级数.(注意:含有任意长的算术级数的集合却不一定含有无限长的算术

① 原题:Arithmetic Progressions,译自 Amer. Math. MouthJy,85;2,(1978),95-96. 本文作者 P. R. Halmos,C. Ryavec

级数. 例如,序列 11,101,102,1001,1002,1003,10001,10002,10003,10004,…,由 $10^i + j$ 组成,这里 $i = 1,2,3,\cdots,j = 1,\cdots,i$) 范·德·瓦尔登的定理由下述断言推出:对于任何正整数 k,相应地有正整数 $n(=n(k))$,使得若把集合 $\{1,\cdots,n\}$ 一分为二,则其中至少有一个含有一个 k 项算术.(第一个非平凡的例子可以通过穷举得到:若 $k = 3$,则 $n = 9$.)

数论方面的许多结果都涉及素数和算术级数二者之间的联系. 如果能够知道素数在算术级数中正常分布的范围,那是很有意思的;如果知道全体素数是否含有任意长的算术级数,也是很有意思的. 但后者是长期悬而未决的难题.

Erdős 与 Turàn(1936) 曾经想攻克这个难题(以及其他难题),他们的办法是证明:如果一个序列足够稠密,则必含有任意长的算术级数. 精确地说,对于固定的 k 和 n,问需要多少个介于 1 与 n 之间(包括 1 与 n 在内) 的数才能保证其中含有一个 k 项算术级数(若 $k=3,n=9$,则答案为 5)? 这等于说,求满足下列条件的最大数 $r(=r_k(n))$:1 与 n 之间有 r 个数,其中不含 k 项算术级数($r_3(9)$ 的值为 4).

若能证明 $r_k(n) < \pi(n)$,其中 $\pi(n)$ 为小于或等于 n 的素数个数,则由素数组成的任意长算术级数的问题就解决了. 当然,若能证明对任何 k 上述不等式对所有充分大的 n 都成立,那就够好了.

Erdős 与 Turàn 发现

$$r_k(m+n) \leqslant r_k(m) + r_k(n)$$

他们证明了对任何 k,序列 $\left\{\frac{1}{n}r_k(n)\right\}$ 有极限 c_k. 最后,

他们猜测:对任何 k,$c_k = 0$,即

$$\lim_n \frac{1}{n} r_k(n) = 0$$

这个猜测简单而优美,可能会有很多漂亮的推论,但却极难证明. 典型的推论是:任何具有正密度的集合都含有任意长的算术级数. 细言之,若 E 为正整数组成一个集合,a_n 是 E 中介于 1 与 n 之间的元素的个数,使得 $\lim_n \frac{1}{n}(a_n) > 0$,则 E 含有任意长的算术级数. 理由如下:上述猜想若成立,则可推出对任何 k,不等式 $r_k(n) < a_n$,对所有充分大的 n 都成立.

对于 $k = 3$,Erdǒs-Turàn 猜想是 K. F. Roth 在 1954 年证明的;对于 $k = 4$,是 E. Szemerédi 利用范·德·瓦尔登定理于 1967 年证明的. 他的证明是如此错综复杂(有人誉为运用数论和组合论的初等方法的登峰造极之作),除非对 $k = 4$ 的情形有实质性的简化,否则(说得温和一点)是没有人愿意对 $k = 5$ 的情形进行尝试的. 接下去工作的是 Roth(1970),他的证明基于分析,而且不用范·德·瓦尔登定理,但似乎无济于事.

1972 年,Szemerédi 宣布:他在最一般的情形下解决了这个问题. Erdǒs 曾经提1 000美元的奖金求解. 但要获得这笔钱,Szemerédi 还要解决另一个可怕的难题,那就是把证明写得别人能看得懂. A. Hajnal 对 Szemerédi 的证明写了一个初步的解说(他满怀信心地对 Erdǒs 说,他愿意用 500 美元买下 Szemerédi 的证明). Szemerédi 的结果于 1974 年摘要发表,一年后全文发表.

Szemerédi 证明的主导思想难以用一小段文字说清楚,所以倒不如直接借用他本人的说法为好:"主要

定理的证明所要处理的基本对象,不仅是算术级数本身,而且是被称为 m 构形的广义算术级数. 粗言之,1 构形就是算术级数,m 构形则是$(m-1)$构形构成的"算术级数". 一句说,可以证明,对任何具有正上密度的正整数集 **R**,如果一个很长的 m 构形和 **R** 相当规则地相交,则此构形总有一个较短的(但仍然相当长的)$(m-1)$构形与 **R** 更加规则地相交;继此以推,最后得到:**R** 必含任意长的 1 构形,即算术级数,完了."

半个多世纪以前,范·德·瓦尔登证明了下述有名的定理:把自然数集 **N** 表示为两个集 A 和 B 的并,则 A 和 B 中有一个(或二者都有)含有任意长的算术级数.

一个长度为 k 的算术级数是任何形如 $\{a,a+d,\cdots,a+(k-1)d\}$ 的集 $T\supseteq N$,其中 d 为一自然数. 常见的范·德·瓦尔登定理证明在本质上是组合的,且是鸽巢原理的精巧推广. 然而最近 B. Weiss 和 H. Furstenberg 给出范·德·瓦尔登定理的一个颇为不同的证明. 事实上,他们证明了下述更一般的定理:设 $T_1\cdots,T_k$ 为紧度量空间 X 到自身的可换连续映射,则有一点 $x\in X$ 和一自然数序列 $n_1<n_2<n_3<\cdots$ 使得当 $j\to\infty$ 时

$$T_{ij}^{n}x\to x,i=1,\cdots,k$$

若要从拓扑动态论的新定理推出范·德·瓦尔登定理,可依所给出用 A 和 B 对 N 的分解来选择一 0 与 1 的符号序列. 把这符号序列看成所谓移位空间的一个点,然后定义 T 为所谓移位的前 k 个幂. 用这方法范·德·瓦尔登定理就成为递归下的拓扑结果了. 一个自然数的集 A 称为具有正上密度若

$$\lim_{n\to\infty}\sup\frac{1}{n}\mid A\cap\{1,\cdots,n\}\mid>0$$

1973 年,E. Szemerédi 证明了 P. Erdŏs 和 P. Turàn 的一个久悬未决的 $1 000 猜想. 这定理的最重要推论为:每一正上密度集 $A\supseteq N$ 包含任意长的算术级数. 显然范 · 德 · 瓦尔登定理是这个推论的特殊情形. 然而,Szemerédi 的证明用到范 · 德 · 瓦尔登定理. 挺逗的 Erdŏs-Szemeredi 故事(附有一串名人录)为 P. R. Halmos 所娓娓道出(见前文).

于 1975 年末,Furstenberg 注意到 Szemerédi 的定理,并证明了他谓之测度理论性的 Szemerédi 定理,这是 Poincaré 递归定理的一个深刻推广:设(X,B,μ)为一正规测度空间且 $T:K\to X$ 为 $-\mu$ 保持的变换. 设 $A\in B$ 使得 $\mu(A)>0$,则对任一 K 有一自然数 n,使得

$$\mu(A\cap T^{-n}A\cap T^{-2n}\cdots\cdots\cap T^{-(k-1)n}A)>0$$

通过对拓扑和移位空间的测度作精巧(然仍自然)的处理,就能由这定理推出 Szemerédi 的结果.

Furstenberg 的证明用到遍态论和拓扑动力论的方法,特别是他在末端流(distal flow)的著名结构定理更扮演一个关键的角色. 因他的工作沟通了貌似无关的两个数学领域:组合论和遍态论,Furstenberg 获得了 1978 年的 Rothschild 奖. 以前曾经在 i 遍态论上应用过组合的构造(M. Morse, W. Gottshalk, C. Hedlund, S. Kakutani 等等),但谁也没想到应用一个如遍态论的质量性解析工具来求组合问题的解答.

附带提一下,Erdŏs 给出一个 $3 000 猜想:若 $M\supseteq N$ 使得 $\sum_{n}\frac{1}{n}=\infty$,则 M 包含任意长的算术级数. 有发散性质的最重要集合 M 当然是素数集了.

参考文献

SZEMERÉDI E. On sets of integers containing no kelements in arithmetic progression[J] I. C. M. Vancouver,1974(2):503-505.

编辑手记

本书是通过一个数学小问题来介绍一个著名的数学猜想的解决过程.这是典型西方数学的精华.我们一直有种不好的思维定式,认为什么都源自中国,什么都是中国最早、最好,其实未必.

有一个段子:罗马皇帝派大使来中国,向孔夫子下跪,请赐予文字,孔夫子正吃饭呢,一心不能二用,随手用筷子夹了几根豆芽放在大使帽子里,大使把豆芽带回罗马,就有了如今流行120多个国家的拉丁字母.

这当然不是真的.孔夫子去世后几百年才有罗马帝国.这是周有光老先生在他的《语文闲谈》中讲的一个沙文主义者们编造的笑话,意在讽刺文化上的无知自大.

磨光变换很形象很好理解.范·德·瓦尔登则不为大众所熟悉,上世纪80年代山东教育出版社出了一本

大书叫《世界数学家思想方法》,其中阴东升专门写了一篇介绍范·德·瓦尔登的长文.现附于后,供读者了解:

范·德·瓦尔登(1903.2.2—)是荷兰数学家,1924年阿姆斯特丹(Amsterdarm)大学毕业.在奔向格丁根(Göttingen)的热潮中,他也于1924年秋天来到了这令人神往的数学圣地,并追随诺特(A. E. Noether)等人学习代数.他选的诺特的主要课程之一是“论超复数”,一年后获得博士学位.

在随诺特等大师学习的过程中,他很好地掌握了他们的理论,学习了概念的机制并领悟了思维的本质,特别是明确了“抽象代数”的特点.这使得他有能力能够清晰而又深刻地表述出诺特的想法和解决她提出的问题.1926年冬季,他和阿廷(E. Artin)、布拉施克(W. J. E. Blaschke)、及施赖埃尔(O. Schreier)在汉堡主持了理想论讨论班.1927年他在格丁根又极其成功地讲授了一般理想论的课程.1928年夏天,他在格丁根证明了分自然数集成若干子集的算术级数定理,一时间成为当时人们津津乐道的话题.之后,他在诺特、阿廷等人有关代数的讲义及上述讨论班材料的基础上,对以往(主要指1920年以后)主要代数成就进行了系统而又优美的整理,于1930 ~ 1931年出版了《近世代数学》(Modern Algebra)(上、下两册)一书.此书出版后,立即风靡世界,成为代数学者的必备书.鉴于本书的性质及其重要价值,在代数学家与数论专家勃兰特(H. Brandt,1886.11.8—1954.10.9)的建议下,自50年代第四版起,范·德·瓦尔登将书名改成了《代数学》(Algebra)并对其内容进行了适当增删,但风格未变.

1932年，他的《量子力学中的群论方法》(Die gruppentheoretische Methode in der Quantemechanik)(德文版)作为著名数学丛书《数学科学的基本原理》第36卷出版.1974年在改写的基础上出版英文版《Group Theory and Quantum Mechanics》.

1935年，斯普林格(Springer-Verlag)出版他的德文版《线性变换群》(Gruppen von linearen Transformatinen).

1939年出版《代数几何》(Einführung in die algebraische Geometrie)德文版.

1979年出版《毕达哥拉斯》(D. Pythagoras).

1983年出版《古代文明中的几何和代数》(Geometry and Algebra in Ancient Civilizations，英文版).

1985年出版《代数学史——从花拉子米到诺特》(A History of Algebra From al-Khwārizmi to Emmy Noether).

另外，他还出版过《科学的觉醒》一书，并发表多篇论文.他不仅是一个数学家，而且是一位数学史家.

自20世纪50年代以来，范·德·瓦尔登一直任苏黎士大学数学研究所的教授.

范·德·瓦尔登的成就(已取得的)主要表现在代数、代数几何、群论在量子力学方面的应用及数学史等领域中.当然，他在数理统计、数论及分析等领域中的成就也是不可抹杀的.

在数论中，他证明了如下的算术级数定理(也被称为Van der Waerden定理)：

设k和l是任意自然数,则存在自然数$n(k,l)$(k和l的函数),使得以任意方式分长为$n(k,l)$的任意自然数段为k类(其中,"长"指项数,k类中可能有空集),则至少有一类,含有长为l的算术级数.

这是1928年的一个结果.作为此定理的一个直接推论,他解决了格丁根一位数学家提出的这样一个问题:"设全体自然数集以任意方式分成两部分(例如偶数与奇数,或素数与合数,或其他任意方式),那么,是否可以保证,至少在其中一部分中,有任意长的算术级数存在?"① 答案是肯定的.

在分析中,他的一个著名结果,就是给出了一个处处连续但处处不可微的函数实例:

设$u(x)$表示x与距其最近的整数的距离.则

$$f(x)=\sum_{n=0}^{\infty}\frac{u(10^{n}x)}{10^{n}}$$

处处连续,但$f'(x)$处处都不存在.②

在数学史方面,他主要写了这样几部著作:《毕达哥拉斯》,《古代文明中的几何与代数》(其中谈到了中国古代数学的成就,刘徽的成就),《代数学史——从花拉子米到诺特》以及《科学的觉醒》(反映了古希腊数学)等.

他的教学史著作注重讲清数学中一些重要概念及思想的演进过程(如抽象群).他的一本著作往往按历

① [苏]А·Я·辛钦著:《数论的三颗明珠》,王志雄译,上海科技出版社1984年版,第1~2页.

② 白玉兰等编:《数学分析题解》(四),黑龙江科技出版社1985年版,第29,120~125页.

史顺序涉及几个专题,如《代数学史》包含:代数方程、群和代数三个方面.不求全,但求精.这本著作是有关方面的一部重要专著.

在数学的应用方面,他重点考虑了群论在量子力学中的应用,对搞清量子力学的数学基础作出了重要贡献.他不仅对群论的基本原理及其在量子力学中的主要应用作了完整的叙述,提高了量子力学的理论程度,而且他还在这种应用性研究中,提出了一些重要概念.譬如,"旋量"的概念就是他和嘉当(E. Cartan)各自从不同角度提出的.①他的这些成就都集中体现在他的名著《群论与量子力学》中.

在代数几何中,"Chow 和范·德·瓦尔登 1931 年一般化了 Cayley 的思想及 Bertini 的思想,证明了如何参数化射影空间 $P_N(K)$ 的不可约代数子变量的集的问题;范·德·瓦尔登还通过一般化 Poncelet 的思想,第一个给出了 $i(C,V,W)$ 的定义(V,W 是 $P_N(K)$ 的不可约子变量(Subvarieties))".②1948 年,他考虑了赋值概念在代数几何上的应用(Math. Z.,1948(51),511 页起的 §4 ~ 8).他在这方面的代表著作是《代数几何》.

在代数领域中,范·德·瓦尔登的工作涉及 Galois 理论、理想论(包括多项式理想论)及群论等多个分支.

---

① B·L·范·德·瓦尔登著:《群论与量子力学》,赵展岳等译,上海科技出版社 1980 年版.

② Jean Dieudonné, History of Algebraic Geometry. Translated by Judith D. Sally. Wadsworth, Inc.,1985:71-73.

1931年,他给出了一个真正求给定方程 $f(x)=0$ 对于基础系数域 Δ 的Galois群的方法;利用它的推论,在可迁置换群一些性质的基础上,可以来造任意次数的方程,使得其Galois是对称的.用这些方法"我们不但能证明具有对称群的方程的存在,还能进一步得到在全体系数不超过上界 N 的整系数多项式中,当 N 趋向 ∞ 时,几乎100%的群是对称的."①

1929年,他建立了"任意整闭整环中的理想论"②(后由阿廷修改为比较完美的形式).在某种意义上说,它是古典理想论的一种推广.除此之外,他还考虑了一个在基域 K 上不可约流形当基域扩张时的分解问题.

1933年,在一篇论文"Stetigkeitssätze für halbeinfache Liesche Gruppen"(Math. Zeitschrift 36, 780 ~ 786)中,他对冯·诺依曼(J. Von Neumann)的一个李群表示定理作了简洁证明,并且证明了:"紧半单李群的所有表示都是连续的"③等结论.

他在代数领域的代表著作有:《代数学》(上、下册),《线性变换群》等.其中前者被公认为该领域的经典名著.

从性质上讲,范·德·瓦尔登的成就有这样几方面:

---

① [荷]B·L·范·德·瓦尔登著:《代数学(Ⅰ)》,丁石孙等译,科学出版社1978年版,第242 ~ 245页.

② [荷]B·L·范·德·瓦尔登著:《代数学(Ⅱ)》,曹锡华等译,科学出版社1978年版,第547 ~ 555页.

③ B · L · Van der Waerden, A History of Algebra, Springer-Verlag,1985:第261.

(1) 研究具体向题,得具体成果(如李群表示定理,算术级数定理等);

(2) 综合认识某一专题已得成就,进行综合评论(如他1942年写的有关赋值概念在代数几何上的应用的评论.见Jahresbericht der D. M. V.,1942(52):161).

(3) 系统整理某一分支的成就,进行理论体系化的工作(如他的《代数学》、《代数几何》、《群论与量子力学》等几本专著》;

(4)(与(1)逻辑方面相对应的,他还注意)历史地认识数学,注重数学史研究.从历史的长河中把握数学(如《代数学史》).

当然,他的成就不仅表现在其诸多的具体结果上,而且还表现在其丰富、深刻的思想方法中.思想方法是其成就的灵魂.

范·德·瓦尔登的思想方法可分以下5方面阐述.

(一) 追求证明的简单性、结论的普遍性及知识的系统性.

范·德·瓦尔登在科研选题方面,既注意到了改进前人的成果,又注意到了解决他人提出的问题;而更重要的是,他十分注意并致力于组织、整理已有的数学成就.

在改进成果方面,他或者简化已有的证明,或者推广已有的结论.譬如,像前面我们曾提到的,他曾给出了冯·诺依曼李群表示定理的一个简单证明;通过将理想的相等推广为"拟相等"①而得到了任意整闭整环

① [荷]B·L·范·德·瓦尔登著:《代数学(Ⅱ)》,曹锡华等译,科学出版社1978年版,第547页.

中的理想论,实现了古典理想论的某些主要结论的普遍化.

在解决问题方面,他往往从更广泛、更一般的意义上进行思考,以求获得更具普遍性的结论.这从其解决前面提到的算术级数问题一例中可以看出.正如数学家辛钦(А. Я. Хинчин)所说:“从本质上说,范·德·瓦尔登证明的结果比原先要求的要多.首先,他假设自然数不是分成两类,而是分成任意 K 类(集合);其次,为了保证至少有一类含给定(任意)长的算术级数,他指出,不一定要分全体自然数,而只要取某一段,这一段的长度 $n(k,l)$ 是 k 和 l 的函数,显然,在什么地方取这一段完全一样,只要它是 $n(k,l)$ 个连续的自然数.”①

显然,简单的证明既有益于人们对数学结论真的理解,也有益于对数学美的感受(体味到简单美、清晰美等);而带有一般性的普遍结论,则有利于人们看清数学对象间关系或属性的真正本质(如自数的算术级数定理——范·德·瓦尔登定理比当年格丁根的数学家提出的问题的肯定答案更深刻地反映出了自然数(集)的属性).总之,使已有结论的得来过程简明化、使结论更贴近事物的本质——使对象间的本质逻辑联系更加清晰化,即简明、清晰的逼近事物的本质,是范·德·瓦尔登追求的主要目标之一.这不仅表现在他对具体问题的处理上,而且还表现在他对已有数学(特别是代数)成就的理论化整理中.

---

① [苏]А·Я·辛钦著:《数论的三颗明珠》,王志雄译,上海科技出版社 1984 年版.

他不仅研究普通意义上的数学对象(如自然数,李群等)及其属性,而且还研究更高层次上的数学对象——数学命题间的各种逻辑联系.虽然这种研究具有元数学的味道,但二者的目的迥然不同.范·德·瓦尔登的目的在于,在这种探究的基础上,寻找出一个简明、清晰甚至优美的逻辑框架,以将已有主要结果整理成一个理论体系,以便后人较轻松、系统地把握前人的思想精华.因为他知道,数学的发展需要继承.为了使这种发展能良性地进行下去,提供好的继承基础是必要的.他的这方面的典型成果之一是《代数学》.这部著作(上、下两卷)概括了1920 ~ 1940年左右代数学的主要成就——特别是诺特学派的主要成就.正是由于它的出现,诺特等代数大师的杰出思想才得以广为流传、抽象代数学才正式宣布诞生(一种新理论的诞生).它是抽象代数学的奠基之作.

(二)由特征分离概括化原则提出概念,沿一般化归为特殊之路进行研究.

数学研究,就是要研究某些数学对象的属性或对象间的内在关系.这首先要有明确的对象——概念作前提.

在提出概念方面,范·德·瓦尔登采用了下述思想:首先分析某一(些)对象,找到它的若干性质;然后将这些性质抽出来作为公理,来形式地定义一个新的对象.这正是徐利治先生所明确提出的"特征分离概括化原则"①.

---

① 徐利治:《数学方法论选讲》,华中工学院出版社1988年第2版,第191页.

譬如,“拟相等”的出现即经历了这样一个过程.设 O 是一个整环,Σ 为其商域;a 为一分式理想,a^{-1} 为其逆理想. 显然,对于理想 a 和 σ 来说,若 $a=\sigma$,则 $a^{-1}=\sigma^{-1}$. 这是相等关系“=”的一个性质. 现在将此性质($a^{-1}=\sigma^{-1}$)抽取出来,作为公理,便可形式定义出“拟相等”:“a 拟相等于 σ,如果 $a^{-1}=\sigma^{-1}$. ①

特征分离概括化原则是抽象化、形式化和公理化三大方法的一种合成物. 范·德·瓦尔登早在随诺特学习期间,便掌握了概念的机制及思维的本质,对抽象代数学的“抽象化”、“形式化”和“公理化”有着深刻的认识,他曾明确谈到:“抽象的”、“形式的”或“公理化的”方向在代数学的领域中造成了新的高潮,特别在群论、域论、赋值论、理想论和超复系理论等部分中引起了一系列新概念的形成,建立了许多新的联系,并导致了一系列深远的结果. ②因此,他综合运用抽象化、形式化、公理化的方法创造新概念是自然的.

在具体数学研究方面,他的思想之一是,首先设计一个总体策略,然后逐步实施. 先规划蓝图,再实际建筑. 将一般化归为特殊,是他常用的一张图纸. 这是一种为了认识一般,而首先认识特殊,然后凭借一定手段将一般化归为特殊以达到最终把握一般的目的的方法.

譬如,范·德·瓦尔登在建立赋值论,解决下述问题“假设已经给定了域 κ 的一个(非阿基米德)赋值

① [荷]B·L·范·德·瓦尔登著:《代数学(Ⅱ)》,曹锡华等译,科学出版社1978年版,第547页.

② [荷]B·L·范·德·瓦尔登著:《代数学(Ⅰ)》,丁石孙等译,科学出版社1978年版,第1页.

φ. 我们考虑 κ 的一个代数扩域 Λ,并提出这样的问题:域 κ 的赋值 φ 能不能、且有多少种方式可以开拓成域 Λ 的赋值 Φ"①时,即遵循了这一思想. 他首先考虑了 κ 为完备的赋值域这一特殊情况,然后通过嵌入的办法将一般赋值域的情形归结为完备的情形(一般赋值域 κ 有两种情况:完备和不完备. 完备时属于前者;不完备时,嵌入到某完备赋值域中即可)而获得最终解.

当然,化归的手段是很多的. 嵌入的方法代表着一种类型:在某种意义上说,一般和特殊间具有局部和整体的关系. 还有一种类型,就是化归的双方不具有这种局部、整体的关系(或者不必考虑这种关系). 譬如,范·德·瓦尔登在处理下述问题"设 μ 是基域 P 上的一个半单代数. 我们要研究的是,当基域 P 扩张成一个扩域 Λ 时,代数 μ 将受到怎样的影响:μ 的哪些性质仍旧保持不变,哪些性质将会消失"②时,其"研究是按如下的程序来进行的:先设 μ 为一域,再设它为一个可除代数,其次再设它为一单代数,最后才设它为一般的半单代数. 每次都是把下一个较为复杂的情况归结为前面较为简单的情况". ③其中,域 → 可除代数 → 单代数 → 半单代数,是个一般化的过程. 因而问题的解决也是走的一般向特殊化归之路(只是这种化归被相继多次运用而已). 当然,这里也蕴含了复杂向简单化归

---

① [荷]B·L·范·德·瓦尔登著:《代数学(Ⅱ)》,曹锡华等译,科学出版社 1978 年版,第 324 页.

② [荷]B·L·范·德·瓦尔登著:《代数学(Ⅱ)》,曹锡华等译,科学出版社 1978 年版,第 659 ~ 660 页.

③ [荷]B·L·范·德·瓦尔登著:《代数学(Ⅱ)》,曹锡华等译,科学出版社 1978 年版,第 659 ~ 660 页.

的思想.

在《代数学》中,范·德·瓦尔登至少在六处不同环境中明确地运用了一般向特殊化归的思想,这也足见他对这一思想的重视(实际上,《代数学》已经表明,这一思想不仅是研究方法,而且是一种理论化的重要方法).

(三) 限制——重点转移的具体手段,历史——前进道路的寄生之地.

对于数学研究来说,仅有宏观蓝图是不够的,还须有其他较具体、细致的方法来配合,方能实现认识数学对象的愿望. 方法是多种多样的. 这其中,限制的主法、从历史中寻求前进的道路(或启示)的方法备受范·德·瓦尔登青睐.

由于数学对象往往是具有某些性质的对象,是载体与性质(属性)的统一体. 因此,限制的方法基本上有两种类型:载体的限制及属性的限制. 前者主要是指,思维的着眼点从载体整体过渡到其某局部的过程;而后者主要是指,思维的着眼点从属性总体过渡到其某部分的过程. 不论哪一种,限制都是思维"重点转移"的具体手段. 这两种限制方法,范·德·瓦尔登在数学证明中都进行了充分运用.

譬如,在证明群论中的第一同构定理①.

设 G 是群,A 是其一正规子群,B 是 G 的一个子群,则 $A \cap B$ 是 B 的正规子群,且有

$$AB/A \cong B/(A \cap B)$$

① 有的书中称之为第二同构定理

时，他给出了这样的思路：考虑同态 $G \overset{\varphi}{\sim} G/A$，即先在 G 中考虑问题. 此时 $AB/A=\varphi(B)$；然后对群载体 G 进行限制，在子群 B 上看问题. 借助于 φ，可诱导出一同态 $B \overset{\varphi|_B}{\sim} \varphi(B)$. 此时，显然有，$\mathrm{Ker}\ \varphi|_B = A \cap B$，所以 $\varphi(B) \cong B/\mathrm{Ker}\ \varphi|_B = B/(A \cap B)$. 如此一来，综上两方面便知，$AB/A \cong B(A \cap B)$. 即，先在整体上看问题，得一些结论；然后在局部的立场上再看问题，又得一些结论；最后，将二者结合起来，便达到了预期的目的. 显然，这里面除了限制法以外，还蕴含着范·德·瓦尔登的下述思想：从不同角度看问题，并将结果予以联系和比较.

再如，在证明有限体是域时，他采取了如下路线："设 K 为一有限体，Z 为它的中心，m 为 K 在 Z 上的指数. K 中的每个元素都必包含在一个极大交换子体 Σ 之内，而后者在 Z 上的次数等于 m. 可是我们知道，P^n 个元素的伽罗瓦域 Z 的一切 m 次扩域是彼此等价的. 因此，这些极大交换子体可由它们当中的某一个，譬如说 $\Sigma.$ 经过 K 中元素的变形得到

$$\Sigma = k\Sigma.\ k^{-1}$$

如果除去 K 中的零元素不计，则 K 成为一群 $\mathfrak{D}$，而 $\Sigma.$ 成为一子群 $\mathfrak{R}$，Σ 成为 $\mathfrak{R}$ 的共扼子群 $k\mathfrak{R}k^{-1}$，并且这些共扼子群合并在一起能充满整个群 $\mathfrak{D}$（因为 K 中每个元素都包含在某一 Σ 之内）. 可是另一方面，我们有下面的群论定理：

引理有限群 $\mathfrak{D}$ 的真子群 $\mathfrak{R}$ 和它的全部共扼子群 $s\mathfrak{R}s^{-1}$ 不可能充满整个 $\mathfrak{D}$.

所以 $\mathfrak{R}$ 不可能是 $\mathfrak{D}$ 的真子群. 因此 $\mathfrak{R}=\mathfrak{D}$，从而

$K=\Sigma$. 因此 K 是可交换的.”① 即将体的问题归结为群的问题,再借助于群的结论来达到有关体的结论的方法. 其中,限制的方法起了关键性的作用.(借助于它,作者才实现了由体到群的转换.)这里的限制主要是属性限制. 体有两个相互联系的方面:加法群性和乘法群性(去掉零元). 上述证明是由体的属性向其部分——乘法群属性过渡的结果. 当然,从证明的总体结构上看,它符合 RMI 原则②的思想. 其框图如下:

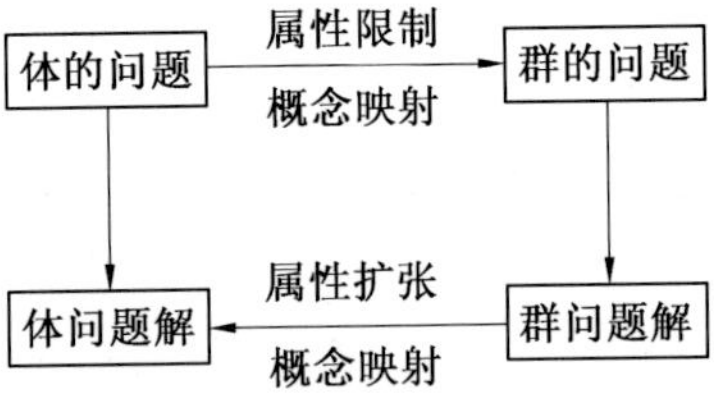

在发展的长河中,与限制相近的一种现象,是“后退”,是对历史的重视. 范·德·瓦尔登不仅明确地研究数学史,而且还将历史上一些重要的思想方法拿到今天来发扬光大. 继承是为了发展,后退是为了前进. 当一个问题的研究百思不得其解时,他往往注意到历史中去吸取营养、寻求启示、发掘摆脱困境的道路. 确实,历史上有许多榜样可供借鉴. 他在希望用代数工具来替换(代数几何中的)连续性的工作(抽象化思想的产物)中,曾遵循了这一思想. 正如数学家迪厄多内((J. Dieudonné)所说:“为了替换连续性的思想,他

① [荷]B·L·范·德·瓦尔登著:《代数学(Ⅱ)》,曹锡华等译,科学出版社 1978 年版,第 706 ~ 707 页.

② 徐利治:《数学方法论选讲》,华中工学院出版社 1988 年第 2 版,第 24 ~ 29 页.

首先复苏了使复射影几何得以产生的过程.”① 这是改造旧方法,解决新问题的生动一例.

总之,范·德·瓦尔登不仅注意逻辑层次上的限制方法,而且注意历史层次上的限制方法. 不过,对于后者来说,限制的目的主要在于开拓.

(四)广义同一法——解决问题的一种工具,下动上调法——提出问题的一种手段.

数学大师希尔伯特(D. Hilbert)认为,问题,是数学的活的血液. 研究数学就是要(直接或间接,显性或隐性地)解决问题. 问题,是有关数学对象的问题. 因此,数学至少包含三方面的内容:创造对象;提出问题;解决问题. 当然,作为理论来讲,数学还应有整理结论或系统化已有成果的方面. 在这四方面,范·德·瓦尔登都从思想方法上做出了自己的贡献. 一、四两个方面前面做了简单说明,对于三(解决问题),也说明了化归与限制的运用. 这些,当然还远不是全面的. 在解决问题方面,我们再来看一下他对同一法的应用及其推广——广义同一法.

同一法主要用于解决有关具有唯一性的对象的问题. 其含义是这样的:为证对象 A 具有性质 P(其中具有 P 的对象是唯一的),可先做 P 的对象 A',然后证明 $A = A'$. 范·德·瓦尔登在证明下述问题时,采用了这一思想.

设 Γ 是有理数域. $\phi_h(x) = 0$ 是以全部 h 次原单位根为根的方程(人们称之为分圆方程). 则 $\phi_h(x) = 0$

---

① Jean Dieudunné, History of Algebraic Geometry[M]. Wadsworth, Inc. 1985.

在Γ中是不可约的.[1]

为证$\phi_h(x)=0$在Γ中不可约,先任选一以某原单位根为根的不可约方程$f(x)=0$(且要求$f(x)$为本原多项式),然后他通过证明$f(x)=\phi_h(x)$而达到了上述结论.

在其他类似场合,他推广了同一法的思想,运用"广义同一法"的思想来解决问题.譬如,在证明有关嵌入问题时,他采用了如下思路:Ω是P的代数封闭域,Σ是P的代数扩张.为证$\Sigma \hookrightarrow \Omega$(即$\Sigma$可嵌入$\Omega$),可先考虑$\Sigma$的代数封闭扩域$\Omega'$.$\Omega'$和$\Omega$是等价的.因而$\Sigma \hookrightarrow \Omega$.[2]这一路线和同一法是相似的.其区别仅仅在于,这里是等价,而不是相等.等价是相等关系的一种推广.这一路线便运用的是广义同一法.当然,这一问题的解决过程,也可看做是等价转换的结果:为证Σ具性质"$\Sigma \hookrightarrow \Omega$",可先做$\Sigma$的代数封闭域$\Omega'$,$\Sigma$自然具性质"$\Sigma \hookrightarrow \Omega'$"而$\Omega$和$\Omega'$的等价导致"$\Sigma \hookrightarrow \Omega$"和"$\Sigma \hookrightarrow \Omega'$"是等价的(可相互转化),因此$\Sigma \hookrightarrow \Omega$.即,为证$A$具性质$P$,可先证$A$具$P'$,然后由$P$和$P'$的等价性来推断$A$具$P$的结论.

在提出问题方面,他强调了对象属性对对象的依赖性.当对象发生变化时,属性往往也跟着作相应调整.即属性和对象间在动态上有一种"协变"关系.基于对这种关系的认识,往往可提出一些有益的问题来.譬如,对象变化时,属性如何变化?具体实例如:"如

---

① [荷]B·L·范·德·瓦尔登著:《代数学(Ⅰ)》,丁石孙等译,科学出版社1978年版,第210 ~ 213页.

② [荷]B·L·范·德·瓦尔登著:《代数学(Ⅰ)》,丁石孙等译,科学出版社1978年版,第253页.

果我们把基域K扩大到域Λ同时扩域$K(\theta)$也相应地扩大到$\Lambda(\theta)$，那么$K(\theta)$对于K的Galois群有什么改变"①、"我们将……（笔者省略）考察，例如在整数环内成立的简单规律，在一般环上可以推广到怎样的地步"、"设μ是基域P上的一个半单代数. 我们要研究的是，当基域P扩张成一个扩域Λ时，代数μ将受到怎样的影响：μ的哪些性质仍旧保持不变，哪些性质将会消失"②等等. 如果我们将对象看作其属性的基础的话，那么，这种提问题的模式可称为"下动上调法".

只要看一看《代数学》，就会发现，范·德·瓦尔登还利用其他方式来提出问题. 如"逆向思维法"：他在处理了"古典理想论的合理建立"后，紧接着下一节便考虑这节结果的逆.

显然，下动上调法提问题的模式也可看作是对类比法的一种运用（对象虽发生了变化，但还有类似之处，那么它们性质的类似性又如何呢——哪些基本相同，哪些不同）. 在这种方法中，很重要的一种形式是"集合化"的方法. 它是指由对某种元素的考虑过渡到对这些元素的集合（或类）的考虑的方法，是思维重点转移的一种体现，是结构数学思维的一个特点. 这方面的例子在《代数学》中出现得很多，其一典型实例如，范·德·瓦尔登在任意整闭整环中的理想论的建立过程中，在考虑了拟相等理想类的一些性质后，思维层次

---

① ［荷］B·L·范·德·瓦尔登著：《代数学（Ⅰ）》，丁石孙等译，科学出版社1978年版，第208页.

② ［荷］B·L·范·德·瓦尔登著：《代数学（Ⅱ）》，曹锡华等译，科学出版社1978年版，第450，659～660页.

一转,上升到拟相等理想类组成的集合,通过概括得到了此集作为代数结构的一个性质——拟相等理想类做成一个群.

总之,范·德·瓦尔登对下动上调法,既从同一层次的对象上进行了运用(如基域K到域Λ,K和Λ都是代数结构层次中的域),也从不同层次上的对象中进行了运用(如元素到集合),具有某种逻辑的全面性.

(五)有关材料组织的一些思想及其他.

在对已有材料(成果)的组织整理方面,除了前面谈到的有关思想外,范·德·瓦尔登还注意到了“殊途同归”、“构造化”“臻美”和“充分明晰地展示占统治地位的普遍观点”等思想.

一个结论可由不同方法或沿不同途径得出,这便是殊途同归现象.譬如,有关线性相关和线性无关的“替换定理”,既可由相关、无关的性质直接推证,亦可由群论的方法把它推导出来,便是其中一例.正因如此,同一结论才能被纳入不同数学语言体系中(如相关语言、群论或模论语言等)去.多角度、多方位地认识同一对象,有助于搞清事物间多方面的逻辑联系,同时,也有助于强化灵活处理问题的思维变换能力.

构造化,是一种日益清晰认识对象本质的方法,是一种由非构造性走向构造性的过程.譬如,范·德·瓦尔登在处理Galois群时即走了这一条路:他首先一般地讲述Galois群的有关方面,然后才具体给出求给定方程$f(x)=0$对于基础域的Galois群的可行方法.(当然,构造化还是解决问题的一种方法.)

臻美,是追求完善与完美的一种思想.这在范·德·瓦尔登的工作中亦有生动体现.他在选材方面,总是先比较、后选择,从众多的文献中挑出简明的证明或对一种理论优美处理. 譬如,对复数域上的代数函数古典理论之黎曼 – 罗赫(Riemann – Roch) 定理的证明,他在比较了施密特(F. K. Schmidt) 和韦伊(A. Weil) 等人的方法后,选择韦伊在 J. reine angew. Math., 1938(179) 中给出的较简单的证明编入《代数学》(Ⅱ) 中,即是其中一例. 再如,对于其成果之一"任意整闭整环中的理想论",由于他发现阿廷给出的处理方式比较完美,因而,在《代数学》(Ⅱ) 中,当他讲到这一部分时,便采用了阿廷的形式. 这也是臻美原则的具体体现.

臻美是完善化与完美化的统一. 完善化往往和精确化、明晰化紧密相连,它往往表现为对已有对象的修饰或阐明. 作为对这一点的应用,范·德·瓦尔登曾清晰地表述了诺特的思想,这种表述的部分内容(如他 1924,1926,1927 年听诺特的讲座的超复杂笔记) 后来被诺特所采用, 成为她的论文"Hyperkomplexe Grössen und Darstellungstheorie"(Math. Annalen 30, 641 ~ 692) 的基础.①另外,他和迪厄多内修饰由迪克森(L. E. Dickson) 提出的群概念(一种),②也是完善化的一例.

在《代数学》的写作中,他提出并执行了"充分明晰地展示占统治地位的普遍观点"的原则. 譬如,展示

① B. L. van der Waerden, A History of Algebra. Springer-Verlag. 1985,211-244

② B. L. van der Waerden, A History of Algebra. Springer-Verlag. 1985,123

合理化的思想:他用公理化的方法不仅处理了数学结构的一些代数性质(主要指同构不变性),而且还考虑了一些非代数性质,如实性、正性等;不仅用公理化方法研究普遍意义上的代数课题,而且还研究一些本属于"非"代数领域的内容的代数形式,如代数函数的微分法.在他看来,一部好的著作,首先要让读者能从中充分地认识到内容的思想本质、认识到理论的思想核心.正是由于他坚持这一原则,才使得其著作具有如下特点;不仅明确告诉读者某一问题是如何引出的、结论的证明思路是怎样的、结论的本质是什么,而且在每一证明过程中还都充分注意沿着一条有所交代的清晰明澈的道路前进.读者边读,头脑中便会不断逐渐浮现出思路的图像,使人受益匪浅(不仅学到了知识、还会从中产生一种数学美的感受).

当然,他不仅注意到对内容处理的艺术性,而且还注意到了内容存在或表述形式的艺术性.在这方面,他特别强调语言刻画的启发性.这从他处理自旋时的一段叙述中可以看出来.

"为了以一种富有启发性的方式使情况更清楚些,可以想象长度 $\hbar l$ 的轨道角动量矢量和长度为 $\frac{1}{2}\hbar$ 的自旋角动量矢量组成一长度加 $\hbar j(j=l\pm\frac{1}{2})$ 的合矢量.……(省略号为笔者所加)".①

另外,他也注意上、下文的自然连接(运用由特殊

① B·L·范·德·瓦尔登著:《群论与量子力学》,赵展岳等译,上海科技出版社1980年版,第131页.

到一般，或由一般到特殊等手段)，尽量使整个著作成为一个紧凑的系统性整体. 追求紧凑性的例证如："由于最近一个时期出现了群论、古典代数和域论方面的许多出色的表述，现在已有可能将这些导引性的部分紧凑地(但是完整地) 写出来."①(这是其著作得以出现的一个客观前提性条件.) 显然，这段话本身也蕴含着范·德·瓦尔登的"组合"、"概括"的思想.

展示思想方法——注重思想方法的外露，不仅是范德瓦尔登著书立说的一条原则，而且也是其重要的学习、研究数学的方法. 只有明确了已有成果的方法论实质，才算真正领会了其精神；也只有这样，才能推陈出新或为推陈出新奠定一个良好的基础. 不论是从思想上阐释已有成果，还是在此基础上有所创新，对于数学的发展来说，都是需要的，是有益的工作. 范·德·瓦尔登阐明成果的方法论实质的习惯，从其《代数学史》中可略见一斑.

对于方法，范·德·瓦尔登认识到了两种类型. 一种是原则性的方法，如由特殊到一般、类比等；另一种是命题性(原理型) 方法. 它是以某命题为推理中介(桥梁) 进行推论的一种方法.(如引理的运用). 对具体实例，范·德·瓦尔登曾谈到，准素理想 q 与其一素理想(属于 q 的)p 及指数 ρ 的下列性质：

(1)$p^{e} \equiv 0(q) \equiv (p)$；

(2) 由 $fg \equiv 0(q)$ 及 $f \not\equiv 0(p)$ 就有 $g \equiv 0(q)$.

是两个极重要的方法(在理想论中)，由此常常可以推

---

① [荷]B·L·范·德·瓦尔登著：《代数学(Ⅰ)》，丁石孙等译，科学出版社 1978 年版，第 1 页.

导同余式$f^p=0(q)$以及$g\equiv 0(q)$.[①]命题性方法具有普遍性,因任何一步逻辑推理基本上都要用到一个起媒介作用的命题.

原则性方法往往不具机械性死程序,它只是一种思路模式;而命题性方法则不然,它是"死"的,只要推理中达到了前提条件,那么,推理就一定可以跳到结论那一步(命题具有二重性:当人们仅注意命题本身时,它反映着前提和结论间的一种逻辑联系;当人们将其纳入推理链条时,便可利用这种逻辑联系来进行推论,这时它便具有了方法性,成了逻辑的旅行途中的一座桥、一条船).二者基本上构成了对方法的一个完全分类.

迄今为止,我们主要考虑了范·德·瓦尔登在生产建筑材料(具体成果、提出好的问题等)、勾画数学大厦图纸及具体建筑并修饰这座大厦等方面的一些思想方法,对于应用,尚未涉及.对此,我们仅述一言,他的应用数学思想,主要是模型法,主要是用群论这一数学理论性模型来讨论量子力学问题.图示如下:

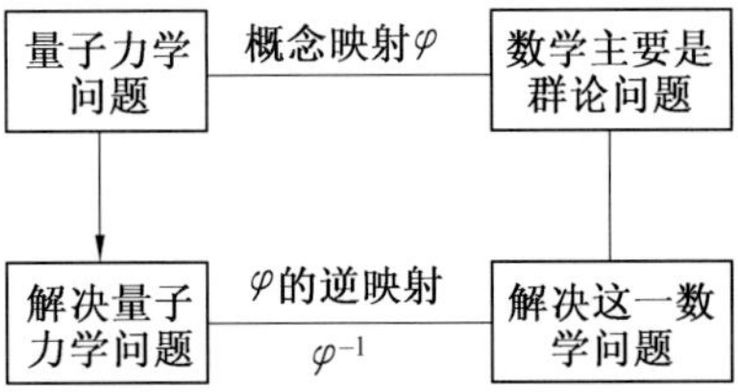

① B·L·范·德·瓦尔登著:《代数学(Ⅱ)》,曹锡华等译,科学出版社1978年版,第511页.

这反映着 RM 原则[①]的思想.

(1) 跟大师学习,读大师的著作,挖掘方法论本质.

(2) 既注意推陈出新,又注意做已有成果思想的阐释工作. 阐释也是一种创造.

(3) 既研究普通数学对象间的联系,又研究已有成果间的逻辑联系.

(4) 注重思维重点转移的原则.

(5) 对数学美的追求,推动数学研究工作的进展.

本书适合优秀的高中生阅读,现在的图书市场为他们提供的读物太少了,太单一,全都是教辅读物,完全是应试所需.

清华大学附中校长王殿军说:"从某种意义上说,高中对人才的培养小于对人才的埋没"在中学,不论是学习好的,能力强的还是学习吃力的,能力弱的学生,都要齐步走,用统一的教材,统一的考试,统一的节奏,对所有学生的培养近乎用完全一样的模式. 在这种模式下,要想满足所有学生的发展,是不可能的(王殿军,中国开设大学长修课程的挑战与思考[J],中国教师,2013.5:14).

本书还适合大学生进行课外阅读,中国人对教育的期待是出人头地,那最好的方式是选择一个相对客观的学科,一鸣惊人,因为文科主观性太强,不易出头,评价不统一,我们还是看看大家怎么说. 泰勒·考恩是哈佛大学经济学博士,现执教于乔治·梅森大学,2011

---

① 徐利治:《数学方法论选讲》,华中工学院出版社 1988 年第 2 版,第 15-29 页.

年被《经济学人》杂志提名为过去十年“最具影响力的经济学家”，同年在《外交杂志》的“全球最顶尖的100位思想者”傍单上排名第72. 泰勒·考思他在接受《南方周末》采访时有段高论：

南方周末：如今有大量的中国留学生去美国读书，一张最近流行的图片，是在哥伦比亚大学统计学系的2015年硕士毕业名单，其中竟有80%是中国人. 你怎么看待这个现象?

泰勒：设想一下，假如你出生在美国一个白人家庭，父母很有钱，你也聪明，你可以通过比学统计学更简单的方法赚到钱，比如做经理、顾问，甚至金融行业，这些已经很难了，但仍旧比学数学、统计、工程学简单.

又假如你来自中国，出生在一个偏远小镇，没钱，没关系，如果来美国学习，就要通过一些完全客观的领域比如数学. 你可以通过这种方式成为顶尖的人才，不需要任何外力帮助. 另外，这些学科不会特别多地应用英语，所以你的英语不必是完美的.

所以，美国人做经理、顾问，中国人做统计、数据、工程师，分工就这样产生.

这对于中美双方都好. 美国可以吸引中国人才，说实在的，很多美国人是太懒了，他们愿意做更简单的东西. 对中国来说也是好事，这些人才通过这个渠道取得进步、获得成功，回国以后也有助于发展.

我们深以为然！

刘培杰

2015. 6. 10 于哈工大